魔鬼心理学

你确定你是个正常人?

Please make sure you are a normal person

罗杰斯◎著

中国友谊出版公司

图书在版编目（CIP）数据

魔鬼心理学 / 罗杰斯著. — 北京 ：中国友谊出版公司，2017.3

ISBN 978-7-5057-3966-6

Ⅰ. ①魔… Ⅱ. ①罗… Ⅲ. ①心理学—通俗读物 Ⅳ. ①B84-49

中国版本图书馆 CIP 数据核字（2017）第 014167 号

书名 **魔鬼心理学**
作者 罗杰斯
出版 中国友谊出版公司
发行 中国友谊出版公司
经销 新华书店
印刷 三河市文通印刷包装有限公司
规格 787×1092 毫米 16 开
20.5 印张 300 千字
版次 2017 年 3 月第 1 版
印次 2017 年 3 月第 1 次印刷
书号 ISBN 978-7-5057-3966-6
定价 39.80 元
地址 北京市朝阳区西坝河南里 17 号楼
邮编 100028
电话 （010）64668676

如发现图书质量问题，可联系调换。质量投诉电话：010-82069336

前言

在生活中，我们常常会发现在自己和其他人身上出现一些奇怪的症状，比如：有的人经常会没来由地感到害怕；有时候经常会莫名其妙地感到伤心；过度自卑，要么就极度自负；常常对某些图案、物品感到恐惧；有些人则特别迷恋某个人或者某种东西；有时候会强迫性地做一些已经做过的事情；有时候会不断产生幻想和妄想；有的人会突然表现出不同的生活状态和人物角色；有的人看起来总是在表演；有的人总是畏畏缩缩……

很多时候，我们会为之感到恐慌，或者会认为这很有趣，也许会不自觉地将自己和他人当成一个“怪物”。那么为什么会出现这些症状呢？为什么我们会经常做出一些令人感到咋舌又有趣的行为呢？为什么很多时候我们控制不住自己而表现出这些反常的症状呢？问题究竟出在哪里，这些症状背后是否隐藏了什么不为人知的秘密？我们的身体中是否住着一个操纵一切的“魔鬼”？

其实这些让人觉得不可思议的现象，往往都和心理学有关，在这些症状的背后往往指向的是一系列的心理学问题。比如很多人总是会反反复复做同样一件事，难道真的是因为他们的记忆力太差？或者是他们的脑子变得越来越不正常了？如果通过心理学知识进行分析，就会明白这些人可能患有强迫症，他们会控制不住自己做一些已经做过的事情，并总是觉得自己没有做好。还有一些人在陌生人面前会紧张到全身冒汗、脸色发白，甚至连话也说不出来，这是简单的害羞吗？显然不是，对于这些人来说，他们可能患有社交恐惧症，将他们暴露在陌生人面前，可能会让他们浑身不自在。在生活中，还有很多让人觉得非常有趣而新奇的现象，而想要了解这一切，想要打开隐藏在行为举止里的各种秘密，就要懂得掌握心理学。

心理学也许是现代生活中人们涉及最广泛的主题，无论生活和工作都离不开它，因为人的存在模式主要是由人的心理与行为支撑的，而行为背后的操纵者往往就是心理。也就是说，每一个人的言谈举止都是有迹可寻的，无论行为看起来有多么离谱、多么可笑、多么不符合常规，其背后都有一个非常合理的解释，这个解释的关键就是心理。

如果认真进行分析，就会发现个体与社会之间表现出来的种种关系，个人喜怒哀乐的种种变化，人与人之间各种千奇百怪的行为模式，这些都是心理在操纵的。如果心理正常，那么我们的生存方式、处事方式、情感表达都会变得很正常；可是一旦心理出现了问题，或者闯入了一些喜欢捣蛋的“小恶魔”，那么就会表现出一些完全让人大跌眼镜的奇怪症状。

对于我们来说，想要了解这一切背后的原因，想要改变这些不符合常规的现象，就要找到隐藏在心里的那一个“魔鬼”，就要想办法将它一把揪出来。这也是本书的作者写这本书的原因，目的就是让更多的人了解心理学，并运用心理学知识去认识和解决日常生活中遇到的那些“不正常”的现象，从而不必要继续纠结于“我是谁”“我为什么会这样”之类的问题。

有些人会认为心理学或者精神分析学非常深奥，根本无法理解，但事实上，心理学知识并非那么让人不可触及，它其实是非常生活化的知识。为了方便读者对心理学知识的理解和吸收，本书做了很多有效的改进。比如作者在选题上非常讲究，挑选了一些非常刺激新颖，同时又趣味十足的话题，因此具有很强的吸引力。其次，本书一改其他心理学书籍严肃、学院派、学术腔的风格，而是将相关的心理学知识以及解析方法，进行了简化，并且运用了简短的句子、时尚化的词汇、轻松幽默的语言风格，使得原本深奥和死板的心理学知识变得更加通俗有趣。

此外，作者引用了很多国内外经典的案例以及最近的临床案例，增强了故事的可读性和真实性，这些故事完美地搭配了学术性、趣味性的心理学理论知识，确保了整本书内容的丰富饱满，也提升了可读性。对于那些有兴趣了解心理学知识，或者对生活中各种心理现象充满好奇心的读者来说，本书是非常好的参考书籍。

目录

第一篇：我究竟有几个自己——多重人格障碍

第二篇：来自密密麻麻处的惊慌失措——密集恐惧症

第三篇：越看越丑的心理效应——畸形恐惧症

第四篇：我爱的不是这个人，而是她的东西——恋物症

第五篇：密闭空间里藏着什么可怕的秘密——幽闭恐惧症

第六篇：这件事究竟做了还是没做？——强迫症

第七篇：被渐渐抽离的社会认知功能——精神分裂

第八篇：受到诱惑的“瘾君子”——药物依赖症

第九篇：房间以外的恶魔——社交恐惧症

第十篇：被封闭的奇怪人生——自闭症

第十一篇：人生就像一场戏——表演型人格障碍

第十二篇：就喜欢走入死胡同的感觉——偏执型人格障碍

第十三篇：沙盘里的小心脏——焦虑症

第十四篇：我们是世界上最出类拔萃的——自恋型人格障碍

第十五篇：自卑是一种病——回避型人格障碍

第十六篇：我的世界全是阴天——抑郁症

第十七篇：没有你，我将寸步难行——依赖型人格障碍

第十八篇：另外一个世界的体验——梦

第一篇：

我究竟有几个自己——多重人格障碍

多重人格会导致自我认同的混乱和自我感的消失，这样就带来了一个最基本也最重要的问题：哪一个才是最初的自己，哪一个才是原装的自己。

24重人格的“怪物”

1977年10月，美国俄亥俄州警局抓到了一个嫌犯，此人名为比利，他被控抢劫并绑架强奸了三名妇女，因为在受害人的车上找到了他的指纹，其中一名受害者在警局当场指认出强奸她的就是比利。

这本来是一桩普通的案件，只要犯罪嫌疑人承认了罪行，受害人也提出控诉，那么案件很快就可以了结。可是警察在审问比利的时候，却发现了一些不同寻常的现象：

首先，比利对自己所做之事完全忘记了，而且看上去并不像是在撒谎或者极力掩盖罪行。

其次，三个受害人对于犯罪嫌疑人的描述有很大出入，一名受害者怀疑他有眼球震颤症，一名受害者认为嫌犯留着整齐的八字胡，而另一个人则认为嫌犯的胡子大概三天没刮，但并不是八字胡。此外，几名受害者描述的嫌犯的口音也都不一样。

这件事引起了办案人员的重视，他们决定对他进行深入的调查。而在长时间的接触中，无论是办案的警察，还是检察官和法官都明显感觉到，比利整个人经常处于不同的状态，无论是身体姿态、说话语气、口音……完全就像是不同的人。

他们觉得事有蹊跷，就邀请精神医生和心理医生一起来进行评估，这一检查不要紧，结果检查出来的是一个史上最让人吃惊的“人类”——比利身患多重人格分裂症，而且是24重人格。24重人格是一个什么样的概念呢？多数人格分裂症的患者会存在几种人格，有些会有十几种，但24重人格还是显得有些多了。想象一下某个人的体内总共有24个人格存在，那几乎就是谜一般的存在，要知道这些人格不仅在性格上，甚至连智商、年龄、国籍、语言、性别等方面也都不相同，他们是被安放在身体内的24个完全不同的灵魂。

心理学家似乎忘记了比利犯下的那些恶性案件，事实上他们显然更在乎比利身上隐藏的大秘密，所以他们对比利体内那24个人格非常着迷，并开始了细致的调查。经过一段时间的检查，心理学家发现除了主人格比利以外，他还是一个精通科学和医学的英国人亚瑟、力气很大的雷根、诈骗犯艾伦、逃脱大师汤米、害怕男人的丹尼、负责承担疼痛的八岁男孩大卫、布鲁克林口音的流氓菲利普、女同性恋阿达拉娜、有阅读障碍的三岁女孩克里斯汀、克里斯汀的哥哥克里斯托弗（喜欢吹口琴）、策划药店抢劫的毒贩凯文、信仰上帝的犹太人塞缪尔、埋头苦干的马克、澳大利亚猎人沃尔特、善于冒名顶替的史蒂夫、善于恶作剧的李、家庭里的减压阀杰森、经常做白日梦的鲍比、四岁的聋哑男童肖恩、不劳而获的马丁、花店工作员蒂莫西、企图报复比利继父的女流氓阿普里尔、将所有人格统一起来的老师。

这样的阵容，组成两支足球队也绰绰有余了，毫无疑问，这是迄今为止，心理学家和精神学家所发现的一个人的肉体内所能装下的最多的灵魂。那么接下来心理学家感到疑惑了，到底是什么造就了24个比利呢，而且几乎每一个比利都具有自己的特长？于是心理学家又花费了大量的时间和精力进行深入挖掘，这才发现比利24重人格的出现主要和小时候的经历有关。他们发现比利在小时候就比较孤僻，而且受尽虐待，这些虐待或许可以用惨无人道来形容，总之由于虐待，比利出现了严重的精神分裂，他开始习惯于在各种不同的身份中转换。那么精神分裂和多重人格究竟是如何产生的呢？为什么会出现这种心理现象？

其实，多重人格又叫分离性身份识别障碍，简单来说，就是一个人演化出多重身份和性格，而且就连自己也不认识自己了。很多人听起来觉得非常奇怪，为什么我们常常会不认识自己，为什么会出现多个自己，而且不同身份的自己会轮流驱使自我，做出不同的事情，而且拥有不同的语音语调、习惯性的姿势以及行为模式。

这些不同类型的“自己”，或许可以称之为灵魂，也就是说一个人可能存在多个灵魂，会将多个灵魂安放在同一个躯体中，然后轮流展示出来。需要注意的是，这些不同的灵魂都是相互孤立的，它们之间并不存在多少必然的联系。

一般的正常人通常能跨情境、跨时间来表现完整的人格，他们知道自己在做什么，他们所有的自我记忆以及身份认知都是正常的。而对于多重人格的患者而言，其个人的意识、记忆、身份，或对环境知觉的正常整合功能遭到破坏，因而对生活造成困扰，而这些症状却又无法以生理的因素来说明。

多重人格的患者通常会表现出一些令人感到不可思议的特征，这些特征显示出他们在行为模式和心理活动中的异常情况。

多重身份

多重人格障碍患者的不同身份拥有各自的年龄层、各自的性别、各自的价值观，而且每一种人格都是相对完整的，他们拥有自己的记忆、行为、偏好，还可以独立地与他人相处。也就是说，一个人很可能在不同时期，以小说家、律师、教师、演员、施暴者、受害者等不同身份亮相，而这个人可能真的会写一点小说、懂一点法律、善于教书育人、具有表演的天分，可能会表现得时而残忍，时而无辜。也许从某个角度来说，他们是最出色的演员，任何角色都是手到擒来，毫不费力。

人格分离

在多重人格中，有一些人格知道其他人格的存在，有一些则各行其是，完全互不了解。而在特定时段内，至少会有一两个人格处于“值班”状态，而不会出现好几个人格争夺控制权的混乱。简单来说，当患者以“法官”的身份出现时，可能会知道自己另一种人格“罪犯”的存在，并且予以制裁。而有时候则根本不知道，每一种人格都不知道彼此存在，“法官”并不知道“罪犯”的存在，但是在不同的时刻，这两种身份会轮流跳出来驱使自己的肉体。这是一种非常“民主”的执政方式，兄弟几个轮流坐庄，谁也不会独掌大权，只是苦了那些不知内情的外人。

转换突兀

多重人格障碍患者所表现出来的不同人格，以及不同人格之间的变换过程通常是突然且戏剧性的，这并不是简单的模仿，而且即便是再好的演员恐怕也难模仿得惟妙惟肖。多重人格的人一下子会从“施暴者”

转变为“受害者”，在处于“施暴者”这个身份时，他会表现出残忍、暴力的一面，一旦转变成为“受害者”的身份时，又会立刻表现出惊慌、可怜且无辜的特征，这种表现常常会被当成是装出来的，它包括眼神、表情、手势、语言上的转变。对患者来说，变脸变得就像开关按钮一样，简单快捷，说变就变。

失忆

患者有失忆症的现象，或者他们经常会感到时间过得很快，但是往往又不记得自己曾经做过什么。很显然，当患者表现出“小偷”的身份后，他并不会在乎前一秒钟自己还处于“警察局长”的位置上；同样，在“小偷”身份的下一秒钟，尽管自己会变成一个“有修养的职员”，但他从不会意识到自己可能偷了东西。总之，他们不用为自己做过的傻事、坏事、烦心事负责，也不会意识到自己将要做什么，大脑不会给他们留下任何可疑的证据的。

患者很容易被催眠

对于多重人格的患者来说，他所担负的每一重人格都会轮流出现，但是无论以何种身份出现，他最终都很容易被催眠。

多重人格会导致自我认同的混乱和自我感的消失，这样就带来了一个最基本也最重要的问题：哪一个才是最初的自己，哪一个才是原装的自己。

H氏五兄弟：哪个才是原装的我?

多重人格是一种比较陌生的疾病，也是一种比较令人惊讶的心理现象，但无论一个人有多少人格，无论一个人拥有多少身份，他必定拥有一个主人格，或者说必定拥有一个原装的自己，这个原装的自我就是一个人出生后形成的第一重人格，也是最初的人格。

在了解谁才是原装的人格时，我们可以先了解一个有趣的故事。有一个H姓的人曾经在上海上班，他经常有头痛症状，而且头痛之后常常不清楚自己做了什么事情，当然，他的父母朋友录下了所有事情的经过，而这些事情让周围的人和H都大感困惑。

在家人接连几次的拍摄画面中，H的表现让人惊讶。在第一段视频中，H扮演的是一个街头行乞的乞丐，当然是一副衣衫褴褛、披头散发的样子，他还会习惯性地捡起地上的食物充饥，会不由自主地跪在地上弹唱，家里人甚至不知道他从哪里弄来一把破木吉他，更不知道他还有弹吉他的天赋。

在第二段视频画面中，H又突然变成了衣着光鲜的销售员，他拿着一大堆不知从哪里弄来的产品，在车站附近叫卖，而且口齿清晰，语言表达能力非常好。就连母亲也不清楚自己从小口吃的儿子会表现得如此出色，他看上去就像是一个经验老到的销售员。

在第三段视频中，H竟然变成了一个街头的地痞流氓，动不动就要欺负那些过路的小个子，而且他一直自称是上海某地区的实际掌控者，可以肆意打骂那些不服从自己的人。他的父母后来还从儿子的寓所中搜出了一把砍刀，这几乎让老人吓破了胆。

在第四段视频中，画风又发生了很大转变，H成了一个哑巴，他几乎说不出任何话，只会打一些手势与人交流。而朋友们在观看视频之后，认为那些手势正是聋哑人与他人交流的方式，他们不知道H什么时候学习了这些手势，父母也表示从未教过他这些东西，那么问题来了，H究竟是如何掌握这一技能的呢？

在看完这四段视频之后，父母显得非常吃惊和担忧，他们坚称这不是自己的儿子，对他们来说，儿子的表现更像是在演戏，甚至可以说比最好的演员还要表现得自然一些。H同样也感到异常困惑，他的困惑在于不知道自己为什么要做这些事，实际上他根本不知道自己做过这些事，更不知道在这些身份中，哪一个才是原装的自己，哪一个才是最真实的自己。

很显然，这样的事情似乎只有父母所说的那样：H似乎在演戏，但他为什么要演戏，他又没有什么表演的经历，也没有表演的动机。正因为如此，家人决定送H去看心理医生。这是一个非常明智的决定，实际上，这样的决定很快揭开了发生在H身上的那些奇怪现象。

医生安排H在医院住院，然后密切观察H平时的一举一动，最后发现了H身上隐藏着的另外四个身份：乞丐、销售员、流氓、哑巴。在不同的时间段，这几个角色和身份会不规律地进行任意转换，病房里的护士也证实了他偶尔会跪在地上哭着请求得到一些零钱和食物，有时候则会推销自己正在推销的那些品牌产品。

按照医生的说法，H是一个五重人格的人，但可怜的是他自己对此一无所知，并不知道自己的身体有时候会被其他“灵魂”所支配，他完全不记得自己做过什么，也不会意识到自己身体上有什么不适感。而最让H感到困惑的是，他现在根本弄不清楚自己到底是什么人，或者说自己原本是什么人。一个习惯了要饭，经常拉别人裤腿的乞丐？一个口齿伶俐，几乎嘴上抹油的推销员？一个蛮横粗鲁的流氓？一个什么也说不出来的可怜的哑巴？还是其他什么类型的人。

H有些惶惑，实际上医生也同样困惑，现在H的另外几个“兄弟”已经交代了自己的身份，已经展示出了自己独特的一面，他们共同构成了H有趣而神秘的“演员式”的生活，但真实的H应该是怎样的呢？他扮演着什么样的角色呢？

当然，心理学家从H的父母和朋友那儿了解到了很多相关的信息，也对H的生活、工作进行了分析，然后得出了这样的论断：H是一个胆小、懦弱且缺乏自理能力的人，而这个性格就是他原装的性格，即核心人格，至于其他身份是非核心人格。而正是因为核心人格相对比较弱势，才会被其他人格乘虚而入，最终变成了一个有多重人格的患者。

H一直都希望自己能够拥有强大的力量，可以有效地支配身边的一切，但事实上他现在做不到这一切，这种渴望会慢慢异化，他最终会在“流氓”这个身份上获得满足；同样，当自己的懦弱不被人认可时，当自己口吃的缺陷被放大时，就会特别希望能够成为一个非常从容应对他人，非常从容地进行交谈的人，而“推销员”的身份满足了这些欲望；一旦自己的口吃变得严重，让他产生严重的挫折感和耻辱感，就可能会让他更加封闭，这时候，他情愿变成一个什么也不说的“哑巴”来保护自己；至于“乞丐”的身份，很可能是因为自己缺乏自理能力，无法解决自己生活中所面对的各种问题，所以只能寄希望于行乞，这是一种非常消极的自我暗示。

那么在这些身份中，谁才是掌控大局的那个身份呢？很显然还是原装的H，而并不是乞丐或者流氓等，因为原装的H才是真正掌控那些身份出场的关键。当H感到害怕的时候，他会在潜意识中希望自己变强，因此“流氓”会及时跳出来；当他过分在意自己的口吃可能会被人奚落之后，就会迫切地希望自己是一个口齿伶俐的人，因此可能会快速切换到“推销员”的身份上；而一旦自己受到了很大的打击，就会寻求逃避的方法，这个时候“哑巴”的出现就拯救了他；一旦他发现自己没有办法依靠自己来满足自己想要得到的东西，当他意识到自身的弱小和缺陷无法解决问题时，就自然而然地变成“乞丐”。

心理学家认为懦弱胆小的那个身份才是原装的H，正是因为胆小，才让其他人格乘虚而入，占有了他的身体。而正因为拥有这些心理障碍，才会不断表现出不同的行为模式，而这些心理障碍通常不可能得到治愈，往往会伴随患者终身，而且一旦患者接触到了新的环境，有了更多新的感触，很可能会增加新的人格。

安娜心里的小冰山

有人可能会提出这样一个异想天开的问题：多重人格是不是可以伪装出来？这听起来有些怪，但实际上真的有人这么干过，当然都是一些犯罪分子，他们的想法就是依靠伪装来逃脱法律责任，要知道那个抢劫并强奸妇女的比利，最终因为拥有24重人格而被判无罪。

所以总有一些犯下刑事案件的嫌疑犯为了免予刑事处罚，会想办法利用多重人格来做掩饰，方便自己减轻罪行。通常他们所做的第一件事就是哭天抢地地说自己什么也没干，认为警察冤枉了好人；其次，他们会刻意表现出自己的另一重“身份”来承担罪行，也就是说，当司法部门和警察进行审讯的时候，犯罪嫌疑人会故意表现出“犯罪者”的身份，并且承认这些刑事案件都是自己一手所为。

对此，司法部门可能会毫无办法，万一这些狡猾的犯罪嫌疑人是真的多重人格的患者，那么就难以判下重罪，而一旦他们作假，那么进入社会后，这些人将会造成更大的威胁。但心理医生和心理学专家就轻易解决了这些困扰，他们通过简单的招数就能辨别出哪些是真的多重人格的患者，哪些是试图蒙混过关的“笨蛋”。

心理学家会调查犯罪嫌疑人此前在生活中是否有什么异常举动，会注意对方究竟分裂出几种人格，尤其会观察对方的行为，比如装病者为了证明自己是多重人格的患者，常常会主动表现出自己身上的症状，而真正的多重人格障碍患者总是试图掩盖自己身上的症状。

心理学家给出了一个最直接的说法，多重人格的症状是一种潜意识的表现，而非有意掩饰就可以表现出来的。那么什么才是潜意识呢？提到这个问题，很多人肯定会想到那个被称为“心理学大师”的人物弗洛伊德，正是此人提出了意识与潜意识的说法。

意识是人脑对大脑内外表象的觉察，即人们认知和感知到的那些东西；潜意识是指人类心理活动中，不能认知或没有认知到的部分，是人们“已经发生但并未达到意识状态的心理活动过程”。对于多数人来说，理解这两个概念以及它们之间的区别的确有些让人头痛，所以聪明的弗洛伊德又提出了一个“冰山理论”。

在他看来，人的内心就像一座漂浮在海上的巨大锥形冰山，露出海面的那一小部分用刀切开，然后装进意识，而海面下真正的庞然大物部分却用来盛装潜意识。因此可以说在整个心灵的冰山里，潜意识才是最重要的那一部分。

意识和潜意识是相通的，但是中间有一个分界线，在一般情况下，我们都会严守这条分界线。因此在平时的生活或者工作当中，我们都会接收到来自外界（小冰山上）的信息——看到一个美女，听到一首动人的歌，或者闻到了很多美味的食物……当别人在几天之后问起这些事情的时候，也许我们早已忘记了。但实际上弗洛伊德告诉我们说那些信息并没有被忘掉，而是储存在了大脑中，就像一个顽皮的孩子闯入父母的房间一样，它们慢慢地从分界线上渗透下去，进入了我们的潜意识（海底大冰山）中，对此，我们一点也感觉不到。

等我们放松的时候（通常是指做梦或者被催眠），那些信息会顽皮地从潜意识中逃出来，现在我们知道为什么自己会做梦，而且做梦的内容都和内心的渴望或者个人的某种经历有关了。等到清醒之后，我们又会重新强化对分界线的控制，这个时候信息又被赶回到潜意识中。尽管我们丝毫感觉不到发生了什么，但这些事的确发生过。

比如我们在日常生活中所做的一些事情，常常让人甚至于让自己也摸不着头脑，我为什么会选择这份工作，而不是另外一份工作？我们为什么会不自觉地害怕某一类人，尽管我们似乎并没有害怕的理由，实际上有可能只是我们遗忘了之前接触时的那些印象。

在多重人格方面，其实也和潜意识有关，或者我们可以说：任何心理疾病的源头都是潜意识出了问题，多重人格的源头也是因为潜意识出现了一些问题。在这一方面，有一个具有里程碑意义的人物即将登场，她不是弗洛伊德，也不是其他什么重要的心理学家、精神分析学家，而是一个女性患者，她的名字叫安娜。

安娜出生于维也纳一个犹太贵族家庭，在21岁的时候，她去找Josef Breuer医生治疗咳嗽，不过Josef Breuer可不是一个治疗咳嗽或者肺病的医生，他是弗洛伊德早期的合作者，两个人在心理学、精神学领域都有很深的造诣。当Josef Breuer得知安娜的来意后，觉得这个女孩在撒谎，让一个精神病方面的医生和心理学家治疗咳嗽，这简直就是一个笑话，她肯定有什么难言之隐。所以他在治疗所谓的咳嗽时，直接对安娜实施了催眠，然后准备弄清楚对方究竟有什么想法。

Josef Breuer成功地用催眠术勾起了安娜的记忆，然后一点点重构了那些导致她前来就诊的事件，这些事件让他感到吃惊：童年的经历、身染重病的父亲、各种生活的压力和疲惫。催眠结束后，他对安娜说出了那些记忆中的事情，结果安娜承认了这些事，并且还说出了自己身体出现的各种不适症状。但Josef Breuer明白安娜显然没有完全说出实话，他干脆把她登记在册，准备日后进行查问。

果然不出所料，在安娜造访Josef Breuer的两周后，她突然出现了短暂失语的状况，然后开始出现两个人格，彼此之间还轮流“值班”，几乎没有任何预兆。Josef Breuer发现安娜是一个多愁善感，具有抑郁倾向的贵族小姐，而安娜的另一个身份和版本则活脱脱就是一个野蛮的悍妇，行为古怪、脾气暴躁，动不动就扯掉衣服上的扣子。这些症状在安娜父亲过世之后，越来越明显，频率也越来越高。受过良好教育的安娜，竟然在转化身份后忘记了说法语、德语和意大利语，原本一个多国通的才女，一下子成为只说英语的人。不仅如此，安娜开始拒绝喝水，这让Josef Breuer非常担心，只好再次进行催眠。

这一次，Josef Breuer找到了答案，原来安娜看到一只该死的狗在水杯里喝水，因此产生了厌恶的情绪。Josef Breuer对其进行了认真的开导，醒来之后，她的恐水症迅速消失了，就像之前从未害怕过水一样。

对安娜的治疗显然让Josef Breuer发现了一种新型的治疗方式，那就是通过对内心的引导和宣泄的方式来治疗一些心理疾病。而事实上，他也采用同样的方法很快治愈了安娜身上其他一些不适的症状。弗洛伊德注意到了这些治疗，于是更加系统地进行了研究，并加入到自己的精神分析研究之中。

而对于安娜来说，她摆脱了身体上的一些不适症状，但是却永远成了多重人格的人。很显然，在过去的生活中，安娜经历了很多事情，这些事情也许被她忘记了，但却在潜意识中扎了根，也影响了她的行为，因此各种身份总是在不经意间跳出来。比如：一方面，她是个柔弱的维也纳19世纪末的文化精英；另一方面，她又是一个强硬的女权主义者和改革家。

另外的“我”是如何诞生的

在上面我们提到了潜意识，提到了冰山，提到了精神创伤，当然，本质的问题还是多重人格障碍真正产生的原因，或者说为什么一个人会出现许多个自己，那么这么多的自己究竟是如何诞生的呢？而且和孙悟空拔下毫毛变身不同的是，变出来的孙悟空具有本体的意识，而多重人格障碍患者分离出来的不同人格往往具备不同的意识，每个人都是不一样的，这一秒还是著名演员，下一秒可能就是吃瓜群众或者是路人甲，那么造成这种多个不同自我的心理学现象的原因究竟是什么？

一般情况下，多重人格的障碍通常是在经历了严重的躯体或精神创伤后引起的，多愁善感，且很容易受到暗示的那部分人由于轻易把自己从严重的创伤中分离出来，人格上开始一人变多人。简单来说，就是某个人害怕自己的某个身份后，就会凭空分离出另外一个身份来面对自己。而对于很不容易受到心理暗示的人来说，他们逃不脱那些创伤的束缚，也没那个“本事”分离出来，所以只能乖乖地承受应激障碍，这种人其实不会出现多重人格障碍。

有一份调查报告表明，高达97%的多重人格障碍患者都曾遭遇到精神上的创伤。现在我们可以重新看一看H，就会意识到他在童年的一切不愉快经历都成为促使他产生多重人格的关键。

流氓身份：H上小学的时候，经常被同桌欺负，大家会要求他当面学猪叫，然后像乌龟一样在地上爬来爬去，但是有一次，“流氓”出现了，并且打跑了所有欺负H的人，并且宣称自己的使命就是为了保护H不受他人的欺辱；

推销员身份：H经常会闹口吃的笑话，甚至不能正常和同学交流，在某一次被人嘲笑之后，“推销员”刚好现身，并且用无懈可击的语言震慑了所有人；

哑巴身份：在更多时候，朋友和同学更爱开他的玩笑，他们在一次校园内部的活动中，模仿H口吃的声音朗诵了一首诗歌，情况当然很糟糕，从这一天起，“哑巴”开始登场；

乞丐身份：由于天生胆小，而且缺乏社交能力和生活自理能力，H的母亲不止一次批评他，并且有意无意地使用了“你以后只能去要饭才能养活自己”之类的话，这的确伤害了H的自尊心，而在不久之后，“乞丐”就出现了。

这也是为什么这些不同的人格会展示出完全不同的特点：流氓展示出的是暴力倾向，是一个有根棍子就想要称霸的混蛋；推销员不会放过任何一个展示自己口才的机会，哪怕他的嘴唇真的磨破了皮；哑巴什么话也不说，总是拿手比画着；乞丐完全把个人温饱问题寄托在别人身上，没人给钱，他就准备一直饿着肚子。

所以另外四个不同的H之所以会出现，其实并不那么困惑：

H渴望别人不再欺负他，渴望自己变成一个强大的斗士或者超人，可是愿望破灭，于是暴力解决问题的“流氓”开始现身；H渴望自己能够利索地说一会儿话，可是求而不得，最终能说会道的推销员出场了；在被人多次奚落之后，H彻底失去了说话的信心，也许他更适合打个洞躲起来，于是“哑巴”就真的出现了；H渴望母亲不再奚落和批评自己，但是自己又真的缺乏能力，紧接着“乞丐”现身了。

很显然，H遭遇了很多精神上的打击和心理上的折磨，对他而言，他根本不清楚自己该如何正确处理这些压力，而一个人一旦在不好的个人经历中表现得过于脆弱，就可能会被其他身份乘虚而入，他们会站出来轮流支配他的生活和工作。这就是H的身体为什么会被另外四个不同身份的自己所占据，而且会被他们分走一部分生活。

不过，这并不意味着受过精神创伤的人一定会存在多重人格障碍。实际上，这个世界上每一天都会有人遭受重创，每一天都会有人遇到各种严重的精神打击，如果大家都因为这样的诱因而发生变化，那么恐怕世界上有很大一部分人都会变成多重人格障碍的患者，都会一下子多出好几个身份，博士、痴呆症患者、爱情专家、农民、摆地摊的小贩、小偷等，这些身份简直让人感到惊恐。

另外，多重人格障碍至今还有诸多疑点，比如大部分患者都出现在美国，难道说美国是一个充满精神罪恶的地方，很多美国人的童年都过得那么阴暗？或者说美国是一个精神创伤患者的聚集地？或许，美国的心理医生更容易碰到多重人格障碍的患者。看来，多重人格障碍在一定程度上也具有文化和地域的限制。而在为数不多的真实案例中，为什么女性患上多重人格障碍的比例要比男性多9倍，这是不是意味着女性在精神上受到的伤害更多更大，而她们的承受能力更小？

有的人认为催眠可以有效治疗多重人格，但实际上多重人格障碍很难治愈，而且患者在治疗过程中会在暗示的引导下，生成新的人格，也就是说，治疗师可能弄巧成拙，让患者增加新的身份。所以治疗须谨慎，更不能病急乱投医。

第二篇：

来自密密麻麻处的惊慌失措——密集恐惧症

心理学家认为，在密集恐惧症中，凹陷密集型的密集恐惧症往往最容易给人带来视觉刺激，或者说这种刺激和压迫感最为强烈。像蜂巢、莲蓬都可能会给患者带来类似的恐惧心理，而患者在见到这些物体时，往往也会产生抠掉它们的冲动。

叶面上堆积的瓢虫

如果叶子上有一只七星瓢虫，很多人都会毫不犹豫地想要去抓住它，但是如果一片叶子上密密麻麻停了几十只、几百只瓢虫，那么孩子们多半就会被吓跑。诗人会写诗赞美一只七星瓢虫，画家愿意在一只七星瓢虫上面寻求灵感，可是一旦瓢虫的数量让人感到惊恐，那么什么诗情画意都会瞬间消失，诗人和画家恐怕会发誓一辈子都不将灵感投注到瓢虫的身上。

有人曾经做过一个实验，让不同年龄阶段、不同职业、不同性格的人去接触不同数量的七星瓢虫，结果在一片叶子上放上一只瓢虫时，大家的反应最好，多数人都会带着审美的眼光来看待它。在大家的笔记本中，调查者发现多数人使用的都是诸如“精灵”“美丽”“可爱”等词语来赞美瓢虫，认为这是自然给人们带来的一种美的享受，而且还尽量表现出想要保护它的冲动。

而在第二个实验中，研究人员不断增加叶子上七星瓢虫的数量，两只、三只、四只……一开始大家都能够适应，但是明显没有第一次实验时那么愉悦。等到研究人员拿着爬满瓢虫的叶子给大家看时，高达95%的人都感到不舒服，而且明显受到了惊吓。这时候，他们对于这种彩色的小昆虫不再那么友好了，“恶心”“瘆人”“恐怖”成为大家说得最多的词。有70%的观察者在日记本上写着“想要立刻逃离”的字眼，还有很多人表示应该使用杀虫剂之类的东西驱除或者消灭它们。

这是两个很有趣的实验：一只七星瓢虫成为人人宠爱的小天使，而当它的兄弟姐妹甚至于整个家族一起“出镜”时，却遭遇了人人恶心、人人喊打的尴尬处境。为什么会这样呢？为什么我们总是会不由自主地对那些成堆的瓢虫感到毛骨悚然呢？

原因就在于一种比较陌生但实际上又比较生活化的心理现象，那就是密集恐惧症。密集恐惧症是指对一些密集排列的相对小的物体的恐惧，是一种由特定视觉刺激引发的不适感，像成堆的瓢虫、虫卵，这些都会带来不适感。有人会觉得密集恐惧症的患者太过于傲娇了，不就是一些小虫子、小虫卵吗？用得着那么害怕吗？

心理学家在这一方面的研究比较晚，事实上，在生活中，由于经常会遇到类似的情形，很少有人会想到一只瓢虫和一堆瓢虫究竟会给人带来怎样不同的体验，也没有人认真研究过这是为什么。而且一开始多数心理学家都认为那么多的七星瓢虫并不会对人体造成什么伤害，因此不可能会产生什么恐惧心理。

不过外国的一些在心理学方面采取玩票性质的人却没有这么去想，他们乐于将自己的体验传播给更多的人，为的就是告诉别人：这种心理现象真的存在，而且过程还真的很折磨人。2003年，Spopes网（美国一家专门核查并揭穿谣言和传闻的网站）披露了一件网络事件，据说当年有一名人类学家在南美丛林中探险，结果自己的乳房被一些幼虫给感染了，最终导致整个乳房变成了莲蓬状。这个人类学家将图片发布到网上之后，整个网络瞬间炸了锅，很多人并不关心这件事是否真实，大家的焦点都被那个恐怖的乳房给震惊了，他们或许都在想，如果有一天自己也经历了这件事，绝对比世界末日还要令人恐惧。

无论如何，这幅图片一下子让很多热爱生活、热爱大自然的人，陷入了一种焦虑情绪，他们彻底被那幅恐怖的图片给击垮了。而这个时候，大家突然又都发现自己并不仅仅是担心自己的乳房是否会被幼虫感染，还产生了一种对密集小物体排列在一起的恐惧心理，也许他们之前对此还不以为然。

2005年5月5日，国外的一家网站上，一个名叫“孔洞恐惧症”的专题网页上，第一次出现了“trypophobia（密集恐惧症）”的说法，这个词是网站站长发明的，他查看了《牛津英语词典》也没有找到合适的词来表述，于是决定创造出这个词。

在那之后trypophobia（密集恐惧症）开始频繁出现在各大网站，而不久之后，这个概念传入中国。2012年10月2日，维基百科编辑了“恐惧症”的条目，然后张贴了很多类似的密集物体图片，结果让很多人感到不适，大家纷纷要求网站删除这些图片，并重新进行图片审查，这个时候，人们才普遍地感觉到自己可能存在密集恐惧症。

尽管在心理学和医学领域，这个概念一直都不存在，也就是说心理学家和医生可不会管你是否害怕一大堆的瓢虫或者小虫子，也不会在意你的不适症状是一种心理疾病。但是当越来越多的图片出现在网站上，且引起热烈的讨论时，人们纷纷开始思考是否应该将这个心理现象纳入医学范畴当中来。

2013年，英国埃塞克斯大学脑科中心的心理学家阿诺德·威尔金斯和杰夫·柯尔将自己对于密集恐惧症的研究成果公布在《心理科学》上，这一次的研究可以称得上是对密集恐惧症唯一一次深入的研究。在那之后，“密集恐惧症”这个原本并不存在的名词开始慢慢进入大家的视线，开始慢慢成为人们关注的焦点，因为很多人都存在这种现象，一旦他们接触密集的小物体，就会产生诸如头晕、恶心、头皮发麻、呕吐等症状。

很多人认为密集恐惧症不过是互联网的产物，但实际上在互联网上那些图片出现之前，有人就已经对密集小物体表现出了恐惧，只不过大家借助互联网这个平台将所有的事情公开来说。但那时无论怎样，密集恐惧症似乎成为很多人心理上的一个牵绊，就像我们对于瓢虫的喜爱一样，但是当一只瓢虫、两只瓢虫、三只瓢虫、四只瓢虫、五只瓢虫……一点点增加的时候，我们会发现自己的喜爱并不是毫无条件的，会发现我们的喜欢通常只是一个个体，而不是群体，一旦物体变得更多，我们就可能会感到不舒服，甚至产生恐惧和排斥的心理。

小蚂蚁和大恐惧

平时，我会给女儿买很多玩具，而她最喜欢的是一只蚂蚁宠物的娃娃，而且每天都抱着它睡觉。可是有一天，我却发现女儿将这个娃娃丢到外面，一开始我觉得很有可能是女儿在外面玩耍，忘了将它放回家里，可是当我拿回家去后，女儿很快又将它扔了出来。这一次，我批评了女儿，认为她不该将娃娃胡乱丢弃，可是女儿一脸不高兴，并且非常害怕接触这个蚂蚁娃娃。

我觉得有些奇怪，为什么一个喜欢蚂蚁的小姑娘会突然如此抗拒见到这样的娃娃，我想一定发生了什么事情。在我的诱导和安慰下，女儿对我说出了心事，原来她无意中在屋子外面的墙角处发现了一个蚂蚁窝，可是里面密密麻麻的蚂蚁吓坏了她，一些蚂蚁还试图爬到她的鞋子上来。按照女儿的提示，我在屋外果然发现了一个规模不是很大的蚁穴，当然它们并不攻击人，也不是对房屋和家具造成威胁的白蚁。

后来我试图让女儿更多地接触这些蚂蚁，并且告诉她它们只是一群很可爱的小动物，还会对大自然做出贡献，为了让她放心，我甚至从她的故事书上找到了有关小蚂蚁的故事，但是无论怎么劝她，她都不肯再到那个墙角里去，而且我一提起蚂蚁，她就感到害怕，害怕自己被那些小蚂蚁给抬走。

这种反常的举动让我有些担忧，一查资料才发现，女儿可能患有密集恐惧症。事实上，她以前并不害怕蚂蚁，但是当蚂蚁以成百上千的群体出现时，那些密密麻麻、井然有序地在地面上移动的小东西就会让她感到担心和害怕。

我只好带她去看心理医生，医生认为女儿可能患有比较严重的密集恐惧症，尤其是对于小虫子这一类的活物，一旦它们成片出现，就可能会让她感到恐慌，这也是为什么她开始排斥一切和蚂蚁有关的东西。心理医生认为，孩子们一般都喜欢小动物，但是当小动物太多、太密集的时候，就会对孩子产生压迫感，而这种密集恐惧症在很多成人身上同样存在。

一个人是否真的会担心和害怕小小的蚂蚁呢？这个问题可能有点滑稽，相信多数人都听过那样的话，“捏死你就像捏死一只蚂蚁那么容易”“你在我面前不过是一只蝼蚁”，很显然在多数人看来，蚂蚁简直不堪一击。但是这里面的蚂蚁实际上指的是单个的个体，一旦蚂蚁变多了，又会怎样呢？换句话说，一旦我们置身于一个全是蚂蚁的房间，我们是否同样会感到惊恐？虽然这并不意味着就是密集恐惧症，但很多人害怕密密麻麻的蚂蚁，却是不争的事实，可以说，很多人都害怕见到这些小东西。

事实上，在密集恐惧症当中，有很多种类型，像叶面上堆积的瓢虫属于突出密集型，这种在某一物体表面密密麻麻排列、相互堆积重叠的现象会给人带来一定的视觉冲击，而见到成堆的蚂蚁在地面上搬家而产生的恐惧心理则属于平面密集型的密集恐惧症。这种类型的密集恐惧症，相比于其他类型的恐惧症来说，可能影响并没有那么大，很少有人会因为看到一大堆蚂蚁而感到惊慌失措的。不过对于密集恐惧症的患者来说，大量的蚂蚁会带来不适感。

科学家曾经做过实验，在一张白纸上画满蚂蚁，有一部分人会因此感到不适，而当科学家在白纸上放上真的蚂蚁时，看到成百上千的蚂蚁在白纸上爬来爬去，很多人会出现紧张、压抑、恐惧的情绪。由此可见，小小的蚂蚁，一旦组成了团队，不仅会带来令人惊叹的力量和合作效率，还会给人类带来心理上的压迫。

自然而然，数量成为我们害怕蚂蚁的一个关键因素，此外对于蚂蚁是否具有严重破坏性的认知也会影响我们对于蚂蚁的感觉，比如白蚁或者一些咬人的蚂蚁，一旦组成蚂蚁大军，我们唯一的想法就是尽快消灭它们。有人经常会在家中发现木制家具被白蚁啃咬了，就会在房间里或者屋子周围进行搜索，一旦发现有大型的白蚁巢穴或者很多白蚁存在，就会想办法除掉它们，而且多数人都害怕看到白蚁成群结队地在木头上爬来爬去。同样，当有人被蚂蚁咬伤后，可能会出现红肿反应，这个时候，一旦他遇到同一种蚂蚁有千千万万，肯定会想办法立即逃开，而且会非常害怕自己再次被咬。

而另外一个原因也很重要，因为通过观察我们会发现蚂蚁喜欢捕食猎物，一些毛毛虫的幼虫、苍蝇、蚂蚱等小昆虫会受到蚂蚁的攻击，还有一些动物的尸体也会招来蚂蚁。所以我们经常会看见蚂蚁们兴高采烈地抬着动物的尸体往回走，尽管它们偶尔也会抬一片树叶，但是我们更愿意相信这些小东西会攻击活物，进一步说，一旦它们的数量足够多，是否会将矛头对准我们呢？就像我的女儿一样，她从未意识到自己手中每天抱着的大家伙（比真实的蚂蚁大上好多），一旦缩小并增加数量后，会如此让人恐惧。

而在这种思维的诱导下，电影和图书也会在一定程度上误导人们，比如在很多影视剧中，会出现百万的蚂蚁大军，它们会吞噬沿途所遇到的一切东西，甚至会吃掉人类。相信很多人对于那些蚂蚁将人活生生拖到大型蚁穴中的惊悚画面感到脊背发凉。而一些野史和恐怖小说中也经常会描述蚂蚁吞食动物和人类的恐怖画面，因此多数人都不会淡定地看待蚂蚁军团了，那些萌萌的小蚂蚁开始被人当成一股邪恶的势力。

对于蚂蚁来说，这当然很冤枉，但影视剧和图书的确让蚂蚁成为人类心中的一个阴影，加上日常生活中的误解，这也促成了我们对于蚂蚁群体的恐惧，在很多人眼中，它们甚至已经成为一个噩梦。

蜂窝里能抠出什么来

前面我们提到了密集恐惧症的两种类型，一种是大量的瓢虫堆积在叶面上的突出密集型，另一种是很多蚂蚁在地面上爬来爬去的平面密集型。而除了这两种类型之外，还有一种常见的类型：凹陷密集型。

在提到凹陷密集型密集恐惧症时，很多人想到的就是莲蓬，莲蓬可以用来吃，而且长得也很可爱，更不会对人体产生什么伤害和威胁，但即便是这样一个无害的东西，在很多人眼里看来也不那么顺眼，不那么令人舒服。有些人在见到莲蓬后就会产生压抑的情绪，就此往后推，他们在生活中肯定不希望见到莲蓬状的喷水水龙头，更别说看见那个在南美丛林里被幼虫感染成莲蓬状的乳房了。

心理学家发现，凹陷密集型的患者不仅仅害怕看见莲蓬，而且还会产生一种抠挖莲蓬的冲动，而这种症状在很多患者身上都存在，他们不仅喜欢抠挖莲蓬，还对蜂窝也产生类似的厌恶、恐惧以及想要抠挖的心理。

L是一个专业的养蜂人，他几乎常年都居住在大山里面，然后依靠蜂蜜来赚钱。有一次他的一个亲戚来大山里探望他，这个亲戚也对L的工作产生了兴趣，觉得有人能够常年和蜜蜂打交道，听起来很酷。而且他也很想知道L是如何养蜂的，而养蜂人的生活又是怎样一种状态。

当这个亲戚进入大山后，对一切都感到很稀奇，而且和其他人不同的是，他并不害怕蜜蜂，也不会刻意躲得远远的。不过有一次发生的一件事却让L有些困惑，那天，L准备取一些蜂蜜出来加工后给亲戚品尝。当L戴好护具打开蜂箱后，铁丝网上被蜜蜂修筑起来的巢穴一下子就暴露出来，而这个时候，L准备叫亲戚过来观看蜂胶以及内部的巢穴，却发现亲戚一直显得很紧张，而且不停地往后退。L百思不得其解，最后只好自己将蜂蜜取了出来。

几天之后，L突然发现自己取出蜂蜜的蜂箱被人动过了，而且蜜蜂似乎也显得很反常，每天都在往外运送尸体。他觉得很奇怪，于是打开蜂箱查看，最终发现铁丝上的蜂胶和孔状巢穴全部被破坏了，幼蜂的尸体堆满了箱底。L有些恐慌，他不知道是谁破坏了自己的蜂箱，于是愤怒地调取监控查看，却发现破坏者正是自己的亲戚。

蜂巢里究竟有什么，难道还能抠出一朵花来？为什么一个并不害怕蜜蜂，也不讨厌蜜蜂的人会突然对里面的幼蜂下毒手呢？而且两个人平时的关系非常融洽，根本不存在什么报复心理，这几天也没有出现什么不友好的行为。为了弄清楚整件事情的原委，L决定和对方谈一谈，这个时候，对方才支支吾吾地说，自己讨厌见到蜂巢，还想要立即抠掉它。L觉得有些无奈，只能心疼地将蜂巢重新修复，他甚至不清楚这个亲戚心里到底是怎么想的。

L的困惑可想而知，可是对于心理学家们来说，他们显然清楚事情的原因，那就是凹陷密集型恐惧症，患者会对密集排列且凹陷多孔的物体产生恐惧心理，而蜂巢恰恰是凹陷多孔的物体，也就是说蜂巢恰恰成为某些人碍眼或者感到不适的对象。

心理学家认为，在密集恐惧症中，凹陷密集型的密集恐惧症往往最容易给人带来视觉刺激，或者说这种刺激和压迫感最为强烈。像蜂巢、莲蓬都可能会给患者带来类似的恐惧心理，而患者在见到这些物体时，往往也会产生抠掉它们的冲动。

那么有一个让人感到不解的问题是，为什么很多密集恐惧症的患者会想要抠掉类似于蜂巢或者莲蓬之类的东西呢？尽管多数患者都无法给出一个令人信服的理由，很多人只是认为看着难受，就想要抠掉。而心理医生经过研究，发现这种心理现象和行为模式与个人的潜意识有关，比如我们对莲蓬之类的东西的恐惧源于我们会不由自主地把这种异于寻常的东西想象到自己身上，然后就会觉得难受，实际上可能我们在之前患过某种皮肤病，或者见到某些人患上皮肤病后出现坑坑洼洼的现象。

这就不难理解，很多人会讨厌和恐惧那些多孔的物体了，因为在潜意识中，他们就不希望自己的身体上出现那么多孔洞，不希望自己因为某种毒素、疾病而出现坑坑洼洼或者疱疹之类的东西。从这一方面来说，人们用手抠掉莲蓬里面的莲子或者用手抠掉蜂巢里面的蛹，可不是因为嘴馋而想要吃掉里面的东西，这些都只是一种试图让自己看起来更加安全的心理动机而已。

比如有人曾经在医院里看到严重的皮肤病患者，结果回家后心里非常不舒服，一连几个晚上都在大脑中回放那些密密麻麻、坑坑洼洼的皮肤，最终他们会发现自己会对莲蓬、蜂窝以至于蜂窝煤之类的东西产生不良反应。

另外，对于密集恐惧症的患者来说，他们对于密集排列的物体缺乏抵抗能力，他们害怕见到这样的东西，因此会自觉不自觉地想要打破这种排列方式，想要消除那些密集的存在物，于是抠掉成为一种消除密集排列方式的方法，也成为宣泄心中恐惧的一种方式。通常情况下，这些人隔着屏幕或者照片也会想要将那些凹陷中的东西给抠出来。

密集恐惧症包括凹陷密集型的恐惧症实际上并非什么严重的心理疾病，只不过是一种亚健康状态的心理现象，多数人的症状比较轻，并不会真的有意要和莲蓬、蜂巢过不去，虽然有些不适症状，但并不会对身心造成什么太大的伤害。而极少数凹陷密集型恐惧症的患者可能会产生一些比较强烈的反应，他们会想方设法除掉那些让自己不舒服的东西，甚至产生一种毁灭的冲动，比如敲掉家里的蜂窝煤，拿石头砸烂莲蓬，有一些人还会拿榔头敲坏家里的水喷头。对他们来说，只有那些排列整齐的孔状物不见了，只有将里面可能存在的东西消灭了，他们才会更加心安理得。

没有什么比“多”更让人恐惧

在上面的几个案例中，我们提到了密集恐惧症，其中的一个关键词就是密集，这是引发恐惧的一个基本前提。换句话说，只有一只七星瓢虫的时候，我们会认为它很可爱，认为它很漂亮；只有一只蚂蚁的时候，我们会觉得它根本无足轻重，不值得担心或者害怕；蜂窝上只有一个孔时，我们也不会冲动地想要抠掉它。正是因为这些东西太多了，给我们的视觉造成了比较严重的冲击，才会引发不适。简单来说，一切都是因为“多”，恰恰是“多”才造成了心理上的恐惧和反感。

那么为什么“多”会让人感到恐惧呢？一方面“多”会带来一种数量优势，而数量越多就越会让我们产生不可控制、不可压制的心理，我们会觉得一旦某个东西的数量超出了我们能够承受的范围，就可能会带来反向作用，就像蚂蚁一样，哪怕是一只最具攻击性的蚂蚁，很多人也会觉得对付这样的小东西绰绰有余，可是一旦蚂蚁从一只变成了几万只、几百万只，我们就会感到恐慌。

而另一方面的原因则是我们常常会将密集物体跟人类或者其他生物体联系起来，将不符合正常人体规律的密集物体强加到人类和人体身上，使得人们产生一种不安的心理，担心那些东西会出现在自己身上。

加上网络上的一些视频和图片，加重了对密集物体的恐惧，所谓的乳房莲蓬图正是利用这一点吓到不少人，而这只是一种心理反应而已，类似于有人有恐高症，有人有尖锐物体恐惧症等。

前面我们提到了阿诺德·威尔金斯和杰夫·柯尔对于密集恐惧症的研究，这两位心理学专家认为密集恐惧症的发作是因为那些密集物体或者相关的图片触发了人类的某些视觉神经，尤其是一些多孔的物体——蜂窝——完全就会让人联想到一些让人恐惧的东西。比如他们经过研究发现，很多多孔物体都和世界上致命的有毒动物具有相同的频谱特征，这会让人本能地产生恐惧。

所以他们认为人类对于多孔物体的恐惧和进化理论有关，因为在远古时期，人类祖先为了生存，必须同自然做斗争，而在与那些有毒动物的接触中，他们会发现自己身上可能会出现皮肤坑洞、疱疹等不良反应，于是开始产生恐惧心理，也产生了强烈的不适感，并且会迅速做出防御或者躲避的姿态。慢慢地，这种基因就被注入人体之中，人们开始关注那些潜在的危险因素。这也是为什么一旦人们发现多孔物体，一旦发现多孔图片，就会产生一些应激性心理。

越是密集的危险物体越有可能给人类带来心理上的压迫感，群居的昆虫、皮肤病、不容易辨别的各种混乱堆积、群体的强势攻击，这些都会让人类感到不适。久而久之，人类就会在内心产生这种恐惧，一旦遇到此类密集物，就会产生恶心、恐惧、头皮发麻、想要尽快远离等不适症状。

这种进化理论似乎完美地解释了人们对多孔物体的恐惧心理，但也有心理学家认为这样的理论完全忽视了个人性格特征在这些心理学现象中所起到的重要作用。比如人类学家格雷格·唐尼就是一个反对者，他觉得那些心理学家将生活中的某些个人特点当成一种普遍现象显然不合乎要求，进化论并不是万能的，它虽然很有故事性，但是在解释多孔恐惧症方面显然缺乏足够的说服力。

无论进化论的说法是否正确，至今都没有得出更好的结论来解释密集恐惧症的出现，而对于密集恐惧症患者来说，当密密麻麻的东西出现在眼前的时候，所要做的就是尽快寻求解决这类心理问题的办法，尽量减缓或者消除密集恐惧症的影响。

——自我暗示

俗话说心病还须心药医，既然密集恐惧症是由于心理暗示导致的，那么在克服或者消除它的影响时，可以从心理暗示入手，比如强制地告诉自己“这些东西是无毒无害的”，或者告诉自己“这些东西非常常见，根本不会影响自己的生活”。

按照心理学家的解释，人类在接触密集物体时，会有一定的倾向性。就像我们平时吃大米饭一样，米饭盛在碗里的时候，也是一粒粒堆积在一起，但是即便是密集恐惧症非常严重的患者，也不会对米饭产生抗拒和恐惧心理，更不会要求家人一粒米饭、一粒米饭盛在碗里给他吃，也不会突发奇想地说：“从明天开始，我只吃馒头或者包子。”

可见米饭并不具备威胁性，或者说人类在长期和米饭接触的过程中，已经习惯了它的存在方式，因此很容易就接受它，并且会自然而然地告诉自己：这些米饭根本没有毒，用不着担心。但是如果将米饭换成一堆同样白嫩的虫卵，想必很多人都会感到恶心和恐惧。从这一方面来看，一碗虫卵可没有一碗米饭那么可爱。

很显然，同样是密集的物体，同样是密密麻麻的白色小颗粒，但是米饭给人带来的却是令人愉悦的享受，而虫卵简直让人头皮发麻，就是因为我们在潜意识中就知道虫卵是令人恶心的，而米饭是用来吃的，不会对身体造成任何伤害。以此来推，为什么小孩子在分糖果时，总是希望越多越好呢？哪怕桌子上摆满了糖果。为什么大家总喜欢拿着一捆一捆的钱呢？难道这些钱也会让人产生恐惧心理？我们对于密集事物的恐惧并不是绝对的，它还带有一些很强的选择性和倾向性，然后产生强烈的心理暗示。在这种强烈的心理暗示下，我们往往会有效抗拒密集恐惧症，因为一旦我们发现自己对诸如花朵、莲蓬之类的东西感到恐慌，就可以提醒和暗示自己“它们并不危险”。

直接暴露

对于心理学家而言，他们惯用的招数就是心理疾病患者害怕什么，就让他们主动去接触什么，换句话说，就是强迫患者去直接面对那些感到恐惧的事情，让他们直接暴露在恐惧事物的面前，久而久之，患者就会产生一定的承受力，并慢慢建立起对恐惧印象的新认知。比如心理学家会拿出一些密集小物体的图片给患者看，一开始患者会感到不适，但是在强制手段下，患者可能会慢慢适应这一切。尽管这种方法的治疗效果可能会更好，但实际上也可能会产生一些负面影响，导致患者的症状加重，一些对密集物体比较过敏的人，其心理障碍也许会变得更加严重。

——森田疗法

森田疗法的基本原则就是顺其自然，顺其自然就是要让患者接受和服从事物运行的客观法则，这样才能最终打破神经质病人的精神交互作用。而要做到顺其自然就要求病人在这一态度的指导下正视消极体验，接受各种症状的出现，把心思放在应该去做的事情上。这样，病人心里的动机冲突就排除了，他的痛苦就减轻了。

比如，当一个人在野外见到一大堆的七星瓢虫堆积在一片叶子上时，不要过度关注这些瓢虫，不要试图弄清楚上面一共有几只瓢虫，也不要去想这些瓢虫突然朝自己飞过来会发生什么事情。它们会吃掉我吗？显然不会，既然这样，我们只需要关注其他地方的美景就可以了，只需要想到我是来旅游、我是来散心的就可以了，这样一来，“瓢虫家族大聚会”对我们的影响就会大大降低了。

其实无论是哪一种方法，都很难在短时间内改变患者的症状，但是通过心理引导和治疗，至少还是可以有效降低密集恐惧症的影响。

第三篇：

越看越丑的心理效应——畸形恐惧症

心理学家经过调查，发现在那些畸形恐惧症的患者中，大约有三分之二的患者存在反复自拍并把照片上传至社交网络的强迫症，自拍会成为他们治疗心病的一个重要方式，但是过度自拍实际上加重了这种畸形恐惧症。

自拍过度可能是一种病

最近25岁的Z姓女职员遇到了一个烦恼，那就是在日常的相片和镜子中看自己越看越丑，她甚至害怕遇到镜子里的自己，所以平时在不化妆的时候，她根本不会想到照镜子，而且还将浴室里的镜子移走了。不仅如此，她还将以前拍过的各种照片集中收集起来，然后一把火烧掉了。不过在另一方面，她却从手机中找到了自尊，并且迅速迷上了自拍。

很显然，和Z一样的女孩正在变得越来越多，甚至很多男性也迷上了自拍，而他们都具有同样的特点，那就是看原来的（真实的）自己越来越不顺眼，而且觉得现实生活中的自己实在是越看越丑，而他们又急需一个更加完美的个人形象来提升自己的存在感。

此外，自拍的人集中在年轻人身上，因为对于年轻人来说，此时无论相貌还是身体状态，正处于巅峰，他们觉得有必要将自己最好的青春留存下来，等到年纪大了，人变老、变丑了，就失去了自拍的价值。正是出于这种心理，很多人都迫不及待地想要玩自拍，并且尽量将自己最好的一面展现出来。但是对于多数人来说，无论是为了保留青春，还是为了让自己变得更漂亮，实际上都是对于自身身体和相貌的一种不自信，他们希望通过一些技术手段来修复这些缺陷。

正是因为如此，自拍几乎成为一种潮流，并且迅速成为自媒体上最常见的内容，可以说无论是朋友圈还是个人空间，如今都充斥着一大堆的自拍照。显然大家都不愿意让自己的手机闲着，无论是风景区、上课时间、工作时间、下班回家、睡觉前、起床时，还是吃饭，都会习惯性地拿出手机自拍一下。

现在已经不再是“我很丑，但我很温柔”的年代了，很多人都懂得如何让自己脱离“丑八怪”的形象，都希望自己可以在人群中受到更多人的关注，哪怕这种关注是建立在自我包装和修饰的基础上的，是建立在美颜相机的基础上的。这些手机就像一面魔镜一样，他们不用花费时间问“魔镜，魔镜，我漂不漂亮”，因为这面魔镜已经将满意的答案告诉他们了。

这并非简单的自欺欺人，事实上，自拍的确给很多人带来了更强大的自尊，至少多数人会觉得，这样做比整容要更加安全、更加健康，比化妆要更加省事。当然，偶尔自拍似乎无可厚非，毕竟每个人都有爱美之心，能够让自己更加漂亮地出现在自媒体的各种平台和软件上，这本身就是自我表现的一种方式。不过一旦过度自拍，每天动不动就是给自己拍几张照片显摆一下，那么就显得有些过分了。

比如：睡觉时要自拍，他们觉得照照片比休息更加重要；吃饭时要自拍，拍的不是饥饿，而是一种心情；游玩时要自拍，拍的不是美景，而是一种自我娱乐；和别人见面时要自拍，拍的不是朋友，而是自己的美丽……对于很多人来说，自拍成为生活中第一等的大事，而且现在的很多手机为自拍提供了很大的便利，比如手机中自带美颜相机，自带PS软件，具备美颜、增白、祛斑等强大的功能，可以尽可能地让自己变得更漂亮。

然而，很多人在工作中因为经常自拍而被辞退；很多人因为沉迷自拍而变得不敢面对现实中的自己；很多人因为自拍和恋人分手；还有一些人甚至因为自拍而送了命。有一组数据很令人惊悚，统计数据显示，2015年全球范围内因为自拍而死亡的人数，比遭遇鲨鱼袭击致死的人数还要多。其中，印度是全球因为自拍而送命人数最多的国家。有社会学家甚至提出了警告：自拍死正在成为一种现象，但问题在于谁也不会想到自拍竟然会成为威胁人类生命的危险，而且其危害竟然比食人鲨鱼更甚，这恐怕是多数沉迷于自拍的人无论如何也不愿意相信和接受的，但是也正应了那句话“不作死就不会死”。

毫无疑问，鉴于自拍造成的恐怖影响力，很多人意识到自拍正在成为影响生活、工作和社交的一个大问题。心理医生已经将自拍成瘾当成一种心理疾病来对待了，也就是说，很多人在看待自己的时候缺乏自信，常常会觉得自己的长相有问题，会觉得自己不够漂亮，并且自觉不自觉地会将身上尤其是脸上的缺点放大，比如皮肤偏黑、脸上有斑点且不够光滑、鼻子上有黑头，自拍时往往过分看重这些缺点，并且认为自己的长相一团糟糕，就像爹妈随意组装起来的一样。正因为如此，他们才常常会想到通过自拍来弥补这些缺陷，并且从中重新构造一个更加完美的脸形。而即便是那些长相不错的人，也乐于通过自拍来提升自己的颜值和魅力，只能说在颜值面前，人都是贪婪的，每个人都想要变得更帅、更漂亮。

比如英国15岁少年丹尼·鲍曼为吸引女孩子，竟然每天花10小时拍200多张自拍，这简直就是一个超级自拍狂，然后试图从中找到最完美的照片。由于没能拍出一张完美的照片，他曾经半年时间内足不出户，完全沉迷在自拍当中，只能说这份执着让他完全着了魔。他的母亲发现异常后，立即将其带到心理医生那儿接受治疗。

心理医生发现丹尼存在比较严重的身体畸形恐惧症，而这种病症的患者通常会认为自己身体某部分不好看，会习惯性地抱怨脸部、头部某些缺陷，例如头发稀疏、有疤痕或两边脸不对称等，并将这些缺点进行放大。他们往往会成天想着自己的外表缺陷，常常照镜子，或害怕照镜子，或者有时候害怕有时候却频繁照镜子。有些患者会竭力掩饰缺陷，比如刻意留胡须以掩盖疤痕，刻意戴上帽子来掩盖稀疏的头发。还有很多患者担心自己的缺陷被人嘲笑，经常会一个人悄悄地去医院，接受药物治疗或牙科、外科之类的矫正手术。比如有个患者因为脸上的一个小胎记，结果常年戴上口罩，而且基本上不在公共场合露面，也不参加工作，更没有什么朋友，就像一个隐形人一样孤零零地与整个社会隔绝开来。

虽然过分在意自己的外貌，不过在一般情况下，他们还不至于想到要在脸上动刀子，但是会通过某些简单的方式自己进行形象改造，比如化妆或者自拍，以此来提升个人的形象。心理学家经过调查，发现在那些畸形恐惧症的患者中，大约有三分之二的患者存在反复自拍并把照片上传至社交网络的强迫症，自拍会成为他们治疗心病的一个重要方式，但是过度自拍实际上加重了这种畸形恐惧症。

对于那些每天动辄花费几个小时，自拍几十、几百张相片的人来说，很有可能就存在一定程度的畸形恐惧症，他们不满意现实的自己，不喜欢甚至有些讨厌身上尤其是脸上的某些缺点，因此寄希望于自拍来解决问题，制造出一个更加完美的自己。

可是这种虚拟的人物形象并不是真正的自己，或许可以迷惑自己，但是却欺骗不了那些了解自己的人。尽管自拍是为了炫耀自己最美的一部分，是为了刷出自己的存在感和魅力值，可是想要赢得别人的关注和欣赏，并不一定要依靠长相。频繁自拍、发照片反而会让周围的人感到厌烦，比如在英国那些使用facebook的民众中，就有25%的用户明确表态无法忍受亲友一直上传自拍照。在中国，很多人同样对用自拍照疯狂刷屏的那些朋友感到抓狂，并且咬牙切齿地想要将这些人拉入黑名单。所以那些想要通过自拍来证明自己“漂亮、受欢迎”的人，往往更容易被人排斥。

双下巴的苦恼

M小姐最近有些烦躁不安，她发现自己长出了一个双下巴，现在这个双下巴已经成为镜子里的常客以及生活中的捣蛋鬼，只要她一准备出门或者约朋友逛街，这个双下巴就会在她脑子里跳出来，不断地提醒说：“我是双下巴，我是双下巴！”

M小姐谈了一次恋爱，却被这个双下巴搞砸了，因为她没法忍受自己每天带着一个双下巴与人恋爱、聊天，这对她的自尊来说是一种严重的伤害和折磨。现在她的生活被彻底打乱了，不想见朋友、不想出门、不想照镜子（偶尔又疯狂地照镜子，看看自己的双下巴是否“神奇”地消失了）。

久而久之，她开始害怕触碰自己的双下巴，哪怕听说通过按摩可以消除双下巴，但是她始终不敢去触碰。很显然，这个“捣蛋鬼”已经成为她心中的一个阴影，她所能做的就是希望有一天它会突然消失，不再总是纠缠自己。

有一天，她实在忍受不了这个，于是决定去医院看看，希望能够通过手术尽快解决这个烦恼。但是在医生看来，根本没有什么手术的必要，因为这个双下巴其实并不那么明显，还没有到要抽脂手术的地步，甚至于只要控制好饮食，就可以让它消失。

M小姐并不这么看，她还是放心不下，就连闭上眼睛都会感觉到下巴上堆积的肉在快乐地抖动，向她示威，向她宣示主权，仿佛这个下巴已经归那堆肉管辖了，而不再是她的下巴。最后没有办法，医生只能建议M小姐先去心理医生那儿看看，很显然他觉得对方已经患上了双下巴恐惧症。

那么什么是双下巴呢？“双下巴”的医学名称为下颌脂肪袋，是由于颈部脂肪堆积造成的，该病多见于中老年人，特别是中年女性群体中尤为常见。它的出现是由于下颌脂肪组织堆积过多，加之上了年纪后皮肤松弛，因重力的作用而下垂，从外观上看就像有双层下巴一样。双下巴的人往往颈部臃肿短粗，缺乏正常人固有的线条美和曲线美。

正因为双下巴缺乏美感，很多人尤其是女士非常害怕自己的双下巴会影响个人形象，因此总是不厌其烦地关注这个部位，抱怨这个部位的赘肉太多。对于那些偶尔抱怨的人来说，实属正常，可是一旦过分关注、过分抱怨，且害怕触碰自己的双下巴，那么就证明患者患上了双下巴恐惧症。

对于患有双下巴恐惧症的人来说，他们总是抱怨自己有双下巴，觉得这个双下巴影响了自己的形象，几乎一天到晚都会为它感到烦恼。程度严重的患者基本上每天都会着急照镜子，要么就经常不厌其烦地询问别人“我的双下巴明显吗？”哪怕看到那些双下巴的人，他们也会迅速联想到自己身上，并且立即担心自己的双下巴是否太过难看，并且开始怀疑和反感自己的下巴。

这种恐惧症患者并非担心自己长出双下巴，他们只是害怕触碰这个身体部位，事实上，他们非常害怕和厌恶这个部位，总是在尽量避免与之发生亲密接触，而且会产生一种非常强烈的排斥情绪——急于和这个双下巴撇清关系。不论这个部位属于他们自己还是属于别人，都会让他们感到不适，因为他们总是觉得这个东西会让人的整体出现失调。

鲍勃是纽约一家杂志社的知名主编，他此前喜欢交际，经常采访一些名人，但是在55岁之后，开始出现一点双下巴，他的生活就被彻底颠覆了。他开始减少外出的时间，开始尽量避免出现在公共场合。一段时间之后，杂志社也察觉到了一些异常，觉得有必要给他找一个助理，这样就可以减少他的工作量，可是鲍勃却接连辞退了两个非常能干的助理，第一个助理是一个尖下巴的漂亮女士，但这个下巴让鲍勃觉得自惭形秽，他没有办法想象一个尖下巴的女士跟一个下巴松松垮垮的人站在一起是多么不协调的画面。

第二个助理则是一个双下巴，老实说，在过去，一旦鲍勃投入到工作中去，偶尔可能会有几个小时会暂时性忘记自己是一个双下巴，但是自从这个助理出现后，鲍勃几乎每天都要面对一个行走的双下巴一天到晚在自己眼前晃来晃去，这让他感到难受。鲍勃似乎仇视一切尖下巴的人，也反感和那些双下巴的同事一起工作，因为他总是会从他们的下巴上联想到自己那个双下巴。

无论是M小姐还是鲍勃，实际上，他们都无法控制内心的恐惧，所以逃避成为一个最佳的方式。自然而然，他们有时候希望情况会得到改善，就像前面提到的自拍过度的人一样，畸形恐惧症的患者总喜欢通过自拍来呈现一个更完美的自己，事实上双下巴的患者对自己的外貌也感到非常不满意，那一堆鼓鼓的肉随时都可能摧毁他们的自尊心和生活，为此，他们并不喜欢照镜子，却又热衷于自拍。实际上，很多畸形恐惧症的患者在自拍时，总是喜欢从上往下拍，为的就是让自己的下巴看起来更尖一些，这样一来，双下巴就不那么明显了。

不过，在多数情况下，双下巴恐惧症的人并不那么严重，只是会在心里觉得别扭，希望呈现出最好的一面，而这些症状通过正常的心理引导完全可以进行治疗，因此患者其实根本没有必要太过担心。

有趣的行为疗法

为什么很多人会过分在意自己的身体，而且经常会为一些“我是否鼓着腮帮子”“我的双下巴可真是难看”“脸上的疤可没少让我丢人”之类的想法而分心？为什么他们会害怕见到自己本来的样子，并且毫不留情地将自己的缺点不断放大（尽管他们内心一直渴望自己更加完美）？为什么总会有一些人对自己的形象产生极大的心理负担？

我们可以溯本求源，看看那些畸形恐惧症的患者身上到底发生了什么。

首先是那个每天花10小时拍200多张自拍的英国15岁少年丹尼·鲍曼，他的疯狂举动自然仅仅是为了吸引女孩子。在喜欢的人面前展示自我是每个人的天性，但像鲍曼这样的人并不多见，显然他已经病入膏肓了。

那么鲍曼的疯狂举动究竟是什么原因造成的呢？心理学家经过调查，发现鲍曼的长相并不那么糟糕，小时候更是非常可爱，而且他的母亲那时还总是有意装扮他。但慢慢长大之后，鲍曼却没有那么可爱了，长相有了一定的退步。有一次他在学校里惹了事，母亲非常生气地对他说：“鲍曼，现在你可真是越来越不可爱了，妈妈可一点也不喜欢你了。”这句话让一直受到妈妈宠爱的鲍曼感到非常伤心，他开始有意无意地关注自己的长相，并且非常在意弟弟的长相，显然妈妈更喜欢弟弟。

在11岁的时候，早熟的鲍曼谈过一次恋爱，但是心仪的女孩却总是喜欢和隔壁班级那个更加帅气的男生在一起。这让鲍曼备受打击，为此他开始希望自己变得更加漂亮、帅气，而且开始不满意自己身上的一些缺点，比如脸形太宽、额头发际线太高、眼睛不够深邃、鼻子太过平坦，而这也使得他迷上了自拍。

然后就是双下巴的鲍勃，可以说他已经是一个固执的小老头了，或者说受到了中年危机后遗症的影响。但是鲍勃怎么会突然对自己的双下巴感到苦恼呢？按道理说，这个年纪的人很少在乎自己的形象，但实际上鲍勃一直就是一个对自己的个性形象十分在意的人，同他的父亲一样，他一直都将自己当作一个有魅力的人，这种魅力不仅仅在于学识和社交能力，还在于最基本的长相。

鲍勃是一个非常敏感多疑的人，他非常在意外界对自己的看法，尤其是长相，任何一点小瑕疵都会让他感到不放心，总是觉得有人会抓住这个瑕疵在背后说闲话。在这种高度自信和自卑的心理下，鲍勃对自己的双下巴感到非常失望，也感到非常痛苦，他倒是希望有一天能有某个天使在睡梦中帮助他割掉那个该死的双下巴。

通过深入调查，就能够发现畸形恐惧症患者通常都存在类似的问题：第一，他们的家庭生活存在一些不和谐的因素，比如父母不和睦，学习上遇到挫折，父母教育方式不当，过分溺爱，过分严厉，过于冷淡，父母教育方式不一致，以及机械地搬弄一些教条对待孩子。当这些不恰当的因素作用到孩子身体上时，就会造成孩子们内心出现障碍，久而久之，他们就会过分在意自己的身体，会过分在意外界对自己身体的看法。

第二，大部分畸形恐惧症患者的虚荣心很强，过分追求完美，特别是对个人形象要求比较高，总是希望自己成为高富帅或者白富美。此外，他们的性格内向、固执，容易受外界影响，多有自责、自卑、敏感、多疑、胆怯、沉默寡言等不稳定的性格特征，一遇到一些不满意的事情就会执着地专注在上面，誓要死磕到底，结果只会越陷越深。

既然了解了病因以及发病机制，那么该如何进行治疗呢？很多人会想到药物治疗，但实际上对于很多心理疾病的患者来说，药物治疗不仅难以奏效，还可能会带来一些负面影响，对身体造成严重的伤害，因此最好的方式还是进行心理引导和治疗，而最常见的治疗方法就是行为疗法。

行为疗法包括暴露疗法和效应预防法：

暴露疗法

由于畸形恐惧症患者害怕见到或者接触自己身上的某一个缺陷，他们通常会逃避这些缺陷，并且进一步丑化这些缺陷。心理学家认为既然很多缺陷是天生的，没有办法通过常规手段消除掉，逃避并不是解决问题的办法，越是逃避反而越是容易成为障碍。相反，如果患者愿意直面自己的缺陷，能够大大方方地将自己的缺陷暴露出来，或许能够慢慢改变那种自卑的、敏感的性格。

比如有的人因为害怕额头上有疤，平时出门都会刻意戴上帽子，而且哪怕是大热天也不例外。对患者而言，这些帽子成为最好的遮羞布，但实际上这些疤痕已经深深烙在了他们的心里，而这并不是一顶帽子就可以遮住的。如果患者想要克服这个恐惧症，那么最好的办法就是摘掉帽子，勇敢地将那个伤疤展示出来，虽然没有必要到处宣扬“看看，我这儿有个伤疤”，但是也应该保持自然和从容。

暴露疗法往往会带来心理上的不适应，因为将患者害怕的东西呈现出来，的确会对心理造成强烈的冲击。很多接受治疗的患者都坦承，自己在接受治疗的过程中就好像一只耗子被绑在一只猫面前，想逃又逃不了。不过，经过长期的暴露疗法治疗之后，很多患者的畸形恐惧症得到了有效的缓解，他们显然更愿意摘下帽子或者不那么痴迷于自拍了，也开始更多地接触社会，融入社会群体生活当中去。

效应预防法

效应预防法是帮助病人停止实施与缺陷有关的强迫性行为，其主要目的是减轻回避性情境所引发的焦虑。简单来说，就是严格要求患者放弃那些自我检查、自我掩饰的行为。比如：有的患者每天疯狂自拍，那么心理医生或者家属就会强制性地收走手机，让他处于一个没有任何自拍条件的环境中坦然地面对自己；有的患者会忍不住照镜子，看看自己的疤究竟有多大、有多难看，这个时候，心理医生会拿走镜子，这样患者就没有办法通过镜子来观察自己的伤疤了；心理医生还会强制要求患者放弃与他人进行比较的行为，严格阻止患者从其他人身上寻找参照和对比，以免在对比中进一步伤害自己。

像那个杂志社的鲍勃就一直在接受效应预防法，医生不准他用手机和电脑查看任何有关双下巴的内容，禁止他同别人讨论长相问题，禁止他外出时系上围巾。鲍勃在意什么，想要做什么，心理学家就坚持禁止他做什么，目的就是为了尽量减少鲍勃在同外界接触的过程中受到更多的刺激和伤害。

在心理学治疗方案中，暴露疗法和效应预防法是非常普遍的行为疗法，对于绝大多数畸形恐惧症的患者来说，心理医生都乐于使用这些方法帮助他们减缓痛苦，并且尽量消除相应的症状，而事实上，治疗的效果非常不错。而除了行为疗法，还有一种常见的心理疗法也能起到一定的效果，那就是认知疗法。

所谓认知疗法就是对患者进行魅力心理教育、识别错误认知，以及减少对身体缺陷的担心，从而慢慢帮助病人了解这些观念是如何影响一个人对于躯体的感知的，这样患者就会形成准确的自我认知能力，而不是通过照镜子、自拍或者从外界寻求认可和保证。简单来说，就是引导患者如何正确地认识自己、看待自己，从而构造出新的价值观。

第四篇：

我爱的不是这个人，而是她的东西——恋物症

多数恋物症都出现在男性身上，而且多半和性有关，患者会对女性的头发、内衣、袜子之类的东西非常着迷。

收集头发的小男孩

欢欢是一个非常惹人喜爱的小男孩，长相俊美，为人也非常乖巧，父母都将其当成家里的宝贝一样宠着，几个姐姐也将他当成家里的小少爷一样供着。就连亲戚和邻居也非常喜欢他，至少他一点也不像其他那些小男孩一样调皮捣蛋。总而言之，他就像一个集万千宠爱于一身的小正太。

不过，小正太也有一个缺点，那就是太沉默内敛，平时不喜欢说话，有空也是一个人待在家里摆弄玩具。妈妈都开玩笑说他应该经常出去走一走，多认识一些小女孩，也好为以后谈恋爱做好准备。尽管这样，欢欢还是习惯于一个人待在家里，而且能够将自己关在房间里半天不说话。

到了上学的年纪，妈妈以为内向的欢欢会拒绝去学校，可是让她感到意外的是，儿子并没有表现出什么抗拒的情绪，而且一见到那些扎着小辫子的小女生，他就主动坐在了她们的后面。这下妈妈觉得应该放心了，可是仅仅是在第一天，老师就向她反映了一个问题，说欢欢总是喜欢扯小姑娘的辫子。

妈妈以为儿子顽皮，也没放在心上，可是接连好几天，都有女同学向老师反映这种情况，妈妈有些尴尬了，于是就耐心地劝告儿子不要去抓小朋友的辫子，并且吓唬他经常抓人家的头发的人，以后自己就长不出头发了，脑袋瓜就像馒头一样光秃秃的。

欢欢点点头，表示听进妈妈的话，可是到了第二天，他还是犯了同样的毛病。下午回家之后，妈妈做好了晚饭，准备再次对儿子进行教育，可是当她走进儿子的房间后，完全吓坏了，儿子正坐在地上玩弄一大把头发，而房间的抽屉里还有很多。欢欢见到妈妈后也不刻意躲闪，依然认认真真地抓着头发。这个场景倒是真的不比那些恐怖电影逊色多少，妈妈站在门口几乎说不出话来。

妈妈意识到了问题的严重性，她不知道儿子为什么会喜欢玩头发，也不知道儿子的头发从哪里来的。她也来不及多想，就带着儿子去看心理医生。在心理医生的指导下，这个腼腆的小男孩一五一十地说出了自己喜欢收集妈妈、姐姐以及小朋友头发的事实，而医生也给出了一个诊断结果：恋物症。简单来说，就是某些人会对某些物品产生特殊的感情，并且非常迷恋，总是想要得到或者接触到这些东西，并且以此达到心理上的满足。

多数恋物症都出现在男性身上，而且多半和性有关，患者会对女性的头发、内衣、袜子之类的东西非常着迷。近年来，出现恋物症的儿童越来越多，很多孩子由于从小就和父母非常亲昵，一起睡觉、一起洗澡，平时的亲子互动也超出了亲情的互动式享受，这样就会让孩子对父母亲产生很强的依赖，而这些依赖会寄托在某些经常接触的东西上。比如当孩子经常被母亲抱在身上后，孩子可能会闻见母亲的头发香味，久而久之，孩子就会将母亲的头发和爱联系在一起，这个时候，头发已经成为他们感受爱和寄托情感的一个物体。

除了头发，很多孩子还会对一些旧的东西非常迷恋，比如曾经睡过的被子、小枕头、奶瓶、玩偶等，他们还会将自己的娃娃当成最好的兄弟姐妹。对他们来说，这些东西会带来更多的安全感，也会让他们联想到过去被人呵护、安抚、亲昵的生活。对他们来说，这些东西就是自己的法宝，就是自己最亲密的伙伴，谁也不能抢走它们。

实际上，患有恋物症的孩子往往都比较孤僻、内向，不喜欢和别人交流，也缺乏正常的交际能力，多数时候他们更愿意将自己封闭起来，关进一个黑黑的小房间里，然后和自己喜欢的东西待在一起。此外，恋物症的孩子非常渴望得到身边人的关怀，可是随着慢慢长大之后，他们会发现自己与父母的关系有些疏离，父母不再像过去一样天天抱着他们，为此会慢慢将这份空虚的感情转移到那些曾经带来美好享受的东西上。

很多妈妈都会遇到这种问题，她们会发现自己的孩子每天都会抱着以前的小枕头闻来闻去，不肯放手，或者拖着一条曾经用过的小毛毯走来走去，甚至还强烈要求带到学校里去。而一旦家长试图拿走这些东西，孩子就会大哭大闹，情绪变得很不稳定。很显然相比于其他东西，或者其他人，这些东西更能够让他们产生安全感，他们也更愿意从中获得温暖和力量。

经过医生的一番解释，妈妈的心情稍微缓和了一些，很显然，儿子的举动并不是一种变态的行为，也不是恐怖片中那种让人毛骨悚然的扭曲心理，但她还是担心儿子的心理会受到影响，以后的成长期和发育期也会出现问题。

很显然对于妈妈来说，她必须及时对孩子的行为进行引导和矫正，否则孩子一旦从恋物症升级到恋物癖，那么就会变得更加棘手。有的妈妈也许会说：“从现在开始，我一把火烧了这些东西，或者强制将它们丢到垃圾桶里去。”可是这种粗鲁的举动无疑会让孩子失去精神依靠，一旦你断绝了孩子的精神寄托后，孩子会变得更加焦躁不安。因此还是要注意方法，要懂得合理进行诱导，帮助孩子走出心理误区。

（1）多一些互动

父母应该尽量避免和孩子发生超出亲情范围的亲昵举动，但是也不能冷落了孩子。一个好爸爸或者一个有爱的妈妈，平时还是会注意给予孩子拥抱、赞美和关怀，最好经常拍一拍孩子的后背，这样既能够产生身体接触，也会向孩子发送一个信号：爸爸、妈妈非常爱你，你做得很棒！

（2）独立期的安抚

当孩子慢慢长大后，父母往往会选择将孩子“请”出房间，让他们去自己的小房间里睡觉，可是由于怕黑、孤独、噩梦的影响，孩子们往往会产生不适应的感觉，他们不知道为什么突然之间父母就要将自己赶出那个温暖的小天地。对于这种情况，父母绝对不能急于让孩子独立而狠下心，关键在于从依赖父母到独立，需要一个过渡期，而这个过渡期父母不应该直接缺席，而要懂得继续引导孩子。所以平时一定要给予孩子一些安抚，包括给孩子讲睡前故事，给孩子唱安眠曲，等到孩子睡着之后才离开，这无疑会让孩子感到安全，他们也慢慢地愿意放弃对小毛毯、枕头之类的依赖。

（3）转移注意力

孩子们之所以产生恋物症，关键在于他们对其他东西不感兴趣，或者说很少有其他东西吸引住他们，反过来说，只要寻找更多有趣的新东西来替代，那么孩子就容易对喜欢的旧东西脱瘾。比如给孩子买一些新的玩具，让孩子学习绘画或者弹琴，要么就鼓励他们结识一些新朋友，让他们意识到原来除了那些旧物件之外，还有很多能够带来快乐的好东西。对于一些古灵精怪的妈妈来说，她们可能会针对孩子喜欢的物件，选择更多同类的款式，比如孩子喜欢某个熊猫娃娃，妈妈就会针对性地购买更多的娃娃，组建一个娃娃家庭，当孩子们每天都被“熊猫爷爷”“熊猫奶奶”“熊猫爸爸”“熊猫妈妈”“熊猫姐姐”等家庭成员包围的时候，也就无法做到“专情”了，久而久之就会慢慢放弃对某一个娃娃的痴迷。

当成长期被压抑在一件物品上

儿童出现恋物症的情况虽然很多，但是毕竟还是占了恋物症患者的少数，对于多数恋物症患者来说，他们大都处于青春期，所暴露出来的问题也多在青春期，而且18岁以前开始的约占半数。重要的是，无论是喜欢上了袜子、内衣还是头发，所涉及的都是一个羞答答的话题：性。

恋物症通常是童年时性心理发育受阻，大多有性对象泛化或以象征物代替异性对象的趋势。在青春发育期，又习得了以某种物品或人体的某部分为性对象的性满足行为，通过条件反射机制而形成了恋物癖。恋物癖实际上是一种扭曲的性心理，这一点在成人身上表现得更加明显，成人患者在处理性需求时会像幼儿一样幼稚，对某些物品产生强烈的依赖。

作为一种特殊的性心理，恋物症并非就是指我们平时所说的那些性变态，他们只不过是因为性心理的发育出现了一些问题。比如很多男孩子在青春期会突然对女孩子的贴身衣物产生兴趣，会对女性的头发或者体毛产生兴趣，而在此之前，他们在对待异性方面可能存在一些障碍，或者双方交流不顺，以至于将自己的情感和性需求转移到异性身上的某件物品上，他们会觉得“既然我得不到你的人，那么得到你的东西也是好的”。

北京的刘女士最近遇到了一件烦心事，她新买了两双袜子，刚穿两天就被人拿走了。第二次，她又买了一双袜子，可是没几天，新袜子又像长了脚一样走丢了。刘女士的房子在十三楼（最高层），因此会选择将衣物晾晒到顶层上，按道理说这几天天气比较好，根本不可能被风吹走。

这时候，她听说顶层另一位女士的袜子也丢了，而且和刘女士一样，所有的男士袜子都在，只有女士的袜子不翼而飞，即便是被风吹走了，难道那些大风也分得出性别？刘女士越想越不对劲，觉得肯定有人来偷过袜子，她还一直抱怨说贼一般都偷钱、偷车、偷珠宝，哪有人偷袜子的？想到这儿，她准备再次晒出新袜子，以此作为诱饵并在暗中实施抓捕。

按照刘女士的设想，偷袜子的人应该是一个女士，而且应该是一个家庭条件一般的中年女子，对方很可能只想少买几双袜子。不过多数人也都知道，即便是一个再穷的人，也不会想到去偷别人穿过的袜子。刘女士也管不了那么多，和往常一样在楼顶上挂上两双新袜子作为诱饵，自己则躲在隐蔽的角落里观察。

蹲守两天之后，刘女士发现那个偷袜子的窃贼上钩了——有人径直往自己的晾衣绳走去，但对方却是一个年轻的小伙子，看上去只有十五六岁的样子。只见对方谨慎地左右环顾之后，竟然取下了自己的袜子。事情再明显不过了，这个小伙子就是偷自己袜子的人，刘女士一下子就蒙了，一个小伙子竟然也会偷袜子，难道他还想要将女人的袜子偷回去穿？

刘女士不容多想，立刻现身，而那个年轻小伙子一下子羞得无地自容，根本不知道该怎样面对，无论刘女士怎么提问，他始终把嘴闭着，一个字也不说。接下来刘女士只好报了警，让警察来处理这类问题。而接下来的事情，让刘女士有些吃惊，原来这个斯斯文文的小伙子是一个恋物症的患者，对成年女性的袜子非常痴迷，只要看到就想要偷偷拿回家收藏起来。

结果警察真的在小伙子的家里搜出一纸盒的袜子，都是女士的款式。刘女士无论如何也想不明白，这个世界上还有人喜欢偷袜子，并且有收藏袜子的特殊癖好，这样的行为习惯简直可以称得上是奇葩。她回去将这件事告诉了丈夫，丈夫表示在自己四十多年的认知里，他也理解不了。

尽管刘女士表示不想继续追究，不过对于这个偷袜贼，警察还是进行了教育，并且建议他尽快去看心理医生，对自己的扭曲心理进行疏导。而后心理医生对小伙子进行了诱导性的询问，小伙子才慢慢说出了一番让人吃惊的心里话。原来早在两年前，他暗恋上了一个同班的女同学，而这个女同学经常在上课时光着脚丫，然后将袜子偷偷放在椅子上。由于他始终不敢表白，而且也没有什么太多的机会和对方接触、交流，就这样他一直都在刻意压抑自己青春期的感情和性冲动。

对于青春期的人而言，性是神秘的，就是一颗禁果，很多人羞于触碰，也羞于表达自己的感情，可是性需求和性冲动是人类最基本的一种生理反应，是不可压抑的，在这样的情况下，他们可能会寻求新的解决方法。

有一次，他趁着女同学不在，偷偷将这双袜子藏在自己的书包里，带回了家，然后一直把玩，并且经常对着袜子发呆。时间一久，他发现自己对袜子产生了某种依赖，每次见到袜子就像见到那个暗恋的女同学一样，并且作为自己性发泄的一种渠道。在那之后，他就开始喜欢上了女性的袜子，并且开始观察身边的异性朋友和邻居，只要发现有人晒出了女式的袜子，他都会立即偷回来，然后借助这些袜子满足对女性的幻想。四年来，这个小伙子一共偷了100多双女式袜子，并且全部都小心翼翼地收藏起来，直到这一次不小心被抓。

这又是一个在青春期受到压抑的案例，听起来有些让人疑惑和恐慌，很难想象竟然有人会对袜子感兴趣，但对于那些恋物症的人来说，其实是一种比较常见的现象。很多处于青春期的男性通常会盗取女性的内衣、内裤、袜子之类的东西来满足自己的性需求，并且会将自己在成长期被压抑住的感情、生理欲望寄托在那些私人物品上。尽管这类心理并不见得会对社会和他人造成什么太大的伤害，但是如果不及时治疗，发展成为恋物癖的话，将来很有可能会进一步影响到心理健康。

心理学家认为青春期的人应该懂得自我调节，既要正视生理和心理上的变化，要了解自己身上发生的一切，同时也应该保持克制，寻求更加合适的方式来排遣和释放内心的压抑，而不是将自己的情感转移到一些能够唤起性意识的东西上。

而恋物症的人通常和童年时期的经历有关，因此重视早期教育成为避免恋物症的一个重要的预防方法。

——很多家长应该注意和孩子分房睡，尤其是母亲不要总是和儿子产生过多亲昵的动作；

——不要让孩子过早接触和性有关的东西，而一旦孩子开始产生朦胧的性意识，家长要及时进行疏导，平时要注意告诉孩子一些生理知识，尤其是教他们区别男女生理和心理的不同；

——帮助孩子解决生活和学习中遇到的困难，减轻孩子的压力，这样孩子的心理才会健康成长，而不会被一些不健康的东西所影响；

——鼓励孩子多和别人交朋友，培养开朗乐观的心情（因为多数恋物症患者都是抑郁内向的人，他们不愿意交朋友，或者说他们的朋友只是一缕头发、一只袜子）。

其实恋物症并没有传言的那么令人恐慌和害怕，很多人或多或少都有类似的倾向，只要提早发现并且进行心理调节，就可以有效缓解症状。而且现在，有很多人愿意承认自己存在恋物症，也愿意坦诚地去心理医生那儿接受治疗，因此社会不能将他们排斥在外。

从物品中走向群体

前面两节重点提到了恋物症，而恋物症有一个重要的特点就是上瘾，一旦孩子们从头发中获得了最初的爱以及最单纯的性满足，小伙子从袜子上嗅出了青春期荷尔蒙的味道，还有一些人从女式内衣中获得了快感，他们就可能会屡次尝试。从第一根头发、第一只袜子开始慢慢积累，等到他们发现自己再也停不下这种欲望，等到他们发现自己收集了一抽屉的头发或者袜子时，才明白自己已经完全上瘾了。

既然上了瘾，自然需要进行治疗，而心理学家对此看得倒是比较包容，随随便便就能够摆出一大堆治疗方案——认知疗法、暗示疗法、厌恶疗法、脱敏疗法。

比如通过认知疗法，心理学家可以引导青春期的患者说出自己出现恋物症的原因、过程以及具体内容，然后为他讲解正常的心理发育过程以及性心理发育过程，并提醒对方通过女性物品来发泄欲望是不够理智的表现，也不符合成年人的思维逻辑规律。而对于儿童，则需要注重早期性教育，让他们区分男孩子和女孩子的差异。

暗示疗法也是比较有效的方式，很多恋物症的患者被人发现后会变得更加自卑和消极，接着烦躁不安，睡不着觉，还闹起了抑郁症和自杀，平时更是不愿意配合治疗。这个时候医生必须拿出几颗所谓的“良药”，并不断暗示对方服药后身体就会立即好转，而那些不受欢迎的症状也会消失，从而引导对方积极配合治疗，使他们相信服药最终会改善症状。

厌恶疗法就是要求患者尽量想象一下自己做那样的事，可能会带来的严重伤害，包括家人疏远自己、被人歧视和唾骂、影响后代的繁衍和成长。事实上，没人喜欢被人当成变态或者怪物，也不希望自己被其他人排斥，很显然，通过讲述一些让人害怕的后果，可以迫使患者对自己的恋物症产生反感和厌恶的情绪。就像有人说你会成为人人喊打的怪物，而没有人想要成为怪物。

脱敏疗法的关键在于让患者直面那些富有争议的举动，比如小孩子喜欢玩弄头发，但是可能害怕母亲的责备，那么母亲不妨让孩子接触各种不同的头发，这样孩子就可能会慢慢改变内心的想法，并将头发当成一个很普通的东西来对待。同样地，在对待青春期的恋物症患者时，心理医生主动带患者接触女性的生活用品、贴身衣物，让他们用正常人的眼光接触这些东西，而不是以儿童的方式来满足性需求。当他们光明正大地接触到更多类似的物品时，就会恍然大悟：其实这些并没有什么特别的。好吧，接下来，他们可能就不会喜欢抱着鞋子抚摸半天了。

无论是哪一种方法，实际上都会对患者的治疗产生帮助。不过对于患者来说，其实有一点非常关键，那就是要鼓励患者摆脱对物件的迷恋，要主动打开心扉，去接触群体社会。事实上，绝大多数恋物症的患者都比较孤僻，虽然并不像影视剧中所呈现出来的那种阴森画面——独自躲在阴暗潮湿的房间里把玩女性的贴身物件，发着阴冷的笑。不过在现实生活中，恋物症的患者的确不怎么阳光，有很多人甚至羞于与人交往，尤其是与异性进行交往，往往会成为闷葫芦，这无疑让他们的感情更加无处释放，只能寄托在那些物品上。而反过来说，这种恋物的举动会进一步让他人产生惶恐和歧视。

总的来说，这是一个非常不利的局面，一方面患者自己在不断逃离社会，另一方面社会又在排斥这些具有恋物症的人。接下来，恋物症的患者会越来越偏离社会，而他们的心理也会越来越扭曲，恋物的倾向和程度越来越深，最终陷入一个恶性循环。

心理学家认为恋物症的患者如果不能及时脱离那种负面心理的影响，很有可能会成为一个社会上的孤影：办公室里会有他的名字，但是他却没有任何存在感；朋友圈中有他的身影，但是他却没有任何所谓的朋友；他的存在就像一个虚无的影子。

张先生是一个严重恋物症的患者，为人非常自卑，不喜欢和同事打交道，每天回家唯一在乎的就是那些女式皮鞋，他甚至需要抱着它们才能安然入睡。不久之后，他就因为工作问题被公司辞退，接着他几乎完全被绑在那些鞋子上，脱离了社会生活。朋友们也相继和他疏远了，当他在老母亲的劝说下去心理医生那儿治疗的时候，竟然已经两年没出门，也没有和外人产生任何的接触，医生甚至称他是一个被遗落在钢筋水泥房里的“城市野人”。

像这样的“城市野人”基本上已经完全失去了社交的能力，也没有什么值得信赖的人，就像一个孤魂一样，已经成为边缘人。而在这种背景下，他的爱情生活一片空虚，婚姻生活更是无从谈起，所有的感情都托付在了鞋子上。

心理医生认为像张先生这样的人并不多见，但已经呈现出越来越多的趋势，他们所要做的就是尽快走向社会，通过正常的交流来建立正常的性心理。比如有的人不爱美女，只爱美脚，他们更愿意抱着一双美脚睡觉，而不是一个动人的美女。同时，他们还会对女性脚上的袜子和鞋子产生性冲动。如果他们能够主动接触社会，更多地了解女性的整体魅力，而不仅仅是一双脚、一双袜子、一双鞋，那么就会慢慢改掉自己的“瘾”。

同样，他们如果愿意大胆地接触女性，用审美的眼光来看待她们的头发，那么随着接触的异性越来越多，接触的头发越来越多，患者会慢慢意识到这些头发不过是一种美的装饰，从而降低兴趣。

事实上，最重要的是，通过接触社会，尤其是与异性的接触，患者的社会性情感会变得更加丰富。他们会知道哪些人能够让自己更加开心，哪些人会让自己难过，哪些人值得交往，哪些人值得托付自己的情感。情感赋予了他们更多的存在感，并帮助他们建立起正确的性心理，让他们意识到哪一种才是青春期生理问题正确的打开方式。

重要的是，通过对活脱脱的人的认识以及真实的情感体验，他们会慢慢意识到头发、鞋子、袜子、内衣都是没有任何情感的，也不会对自己付出的情感给予回应。尽管很多患者习惯了打不还手、骂不还口，平时还对自己死心塌地、寸步不离的物品，他们会从中找到安全感，但在这些无生命的东西上，其实并不能真正找到所谓的快乐。只有感情的交流，才会促进感情的丰富，才会让那些娇羞的性话题变得更加正常。所以很多年轻小伙子真正要做的就是多接触异性，或者在合适的年龄找个女生谈谈恋爱，而不是对着几双鞋、几件内衣发泄感情，他们必须对女性建立起整体的印象，而不是她们身体的某一个部分，或者某些贴身物品。

另外，通过社交活动，既可以寻找到更好的情感替代品，也可以寻找到更多有趣的东西，从而有效转移性苦闷、性压抑，让自己的生活变得更加开朗、丰富。他们可以选择各种运动项目，可以和朋友一起出去参加活动，没事还可以讨论各种社会话题。一旦可做的事情多了，喜欢的东西多了，就不会被性需求压抑住，也不会被那些物品紧紧捆绑住了。

总而言之，患者需要主动敞开心扉，进入社会和群体之中去，而不是将自己的性寄托在某些物品上，只有真正融入到自己的社交圈中，他们才能以正常人的心态来面对性，面对性需求。他们也会明白自己在面对性冲动和性压抑的时候，完全可以通过正常的恋爱渠道来解决，也完全可以通过朋友之间的社交活动，通过各种社会活动来转移。

当然，对于整个社会来说，也需要保持包容，所有人必须意识到：一个抱着鞋子睡觉的人并不是什么怪物，一个将头发当成最好的玩具的人并不是什么恶魔，一个将女性内衣、内裤收藏起来的人并不是什么超级大变态。很多时候，或许称呼他们的行为为“恋物癖”也不够恰当，因为“癖”往往带有歧视的味道，最好还是说“恋物症”或者“恋物成瘾”。

第五篇：

密闭空间里藏着什么可怕的秘密——幽闭恐惧症

幽闭恐惧症的患者并不在少数，但是多数人症状不那么严重，而且具有一定的自我调节和克制能力，他们不至于会突然砸开车窗冲出去，也不会在电梯里大吵大闹，迫不及待地想要撬开电梯门，或者脑洞大开地想要挂在电梯顶上。不过也有一些严重的患者会对密闭空间感到极端不适应，而这类患者其实就需要接受积极的心理治疗。

为什么坐电梯时总是往上看?

有一次，我带着女儿去走亲戚，当我们从公寓大楼的电梯里走出来的时候，女儿突然非常认真地看着我说："爸爸，为什么坐电梯的时候，大家都要往上看呢，难道电梯里还有其他的东西吗？"女儿的话听得我有些发毛，什么其他的东西，难不成孩子看到了什么不该看到的脏东西。

女儿接着说："我看你和那些叔叔阿姨一样，总是抬着头往上面看，上面究竟有什么啊？"女儿的话有些奇怪，事实上我从未注意到自己在往上看啊，也没有注意其他人一直往上看，不过也许从孩子的视觉来说，高高在上的大人的确忍不住经常往上看。女儿的话，我并未放在心上，但是在之后几次乘坐电梯的时候，我才意识到自己真的会不由自主地往上看，而其他人同样会如此。这很奇怪，我几乎不知道自己为什么要往上看，也不知道自己往上能看到些什么，那为什么一定要重复这个动作呢?

善于观察生活总是好的，不过类似的行为举止可能常常被大人忽略，而孩子则会关注这些细节，在他们看来这很反常。当然，如果成人也意识到了这个问题，同样会感到困惑，这就像电梯里永远住着一个小怪物一样，每个人都在防备着它突然从上面跳下来，但也许有的人心里不这么想，不过往上看的确成了一个很有趣的话题，我甚至为此困惑了好久。

自然而然，心理医生对此毫不陌生，他们能够给出我们想要的答案，在之前，这些心理医生就做了几个类似的实验（他们似乎比谁都有空，总爱做几个实验打发时间）。第一个实验中，他们安排了11个人坐电梯，还安装了摄像头进行观察。结果在电梯上升的过程中，这11个人几乎都有5~7次的抬头举动，而且有的人持续的时间长达数秒。

在第二个实验中，心理医生将人数减少到7个，这时候，里面的空间显得空旷一些，不过很多人还是忍不住抬头，就像冥冥之中有东西在托着他们的下巴往上抬，或者拽着他们的脖子往上拉一样。不过这一次实验中，大家抬头的次数少了一些，只有3次左右。

于是心理医生进行第三次实验，只在电梯里安排两个人，结果两个人都自然而然地往相反方向的角落边靠，而且抬头的次数变得更少了，基本上只有1~2次。

通过这三个实验，心理学家验证了一些现象。首先，人在电梯里面通常会觉得不自在，总是会不自觉地抬头往上看；其次，电梯里的人数越少，抬头的频率也就越低。那么为什么会出现这两种状况呢？心理学家自然有办法了解清楚。

他们找出了问题的答案，那就是幽闭恐惧症在作怪。所谓幽闭恐惧症，指的是对封闭空间的一种焦虑症，是指患者在电梯、车厢或机舱内，可能发生的恐慌症状，或者害怕会发生恐慌症状。这是对封闭空间出现恐惧心理的一种心理疾病，而且比较常见。

那么有的人为什么会在电梯里感到不自在，并且感到恐慌呢？难道是因为担心电梯会突然停电，或者像一个落水的秤砣一样一直往下坠吗？这两个原因或多或少有一点，但绝对不是主因，其实这里面涉及的是一个空间问题。

心理学家认为每个人周围都有一个“气泡状的空间”，这可不是童话世界里的泡泡，而是指私人空间。这些私人空间根本看不到、摸不着，只会随着人体的移动而移动，但它却有潜在的边界，这并非说每个人都像老虎狮子一样，拥有自己的领地，而是说每个人都会有一个让自己感到舒服的空间，即他与其他人保持的合理距离。很显然，一旦有人进入这个边界，个人就会产生压迫感和不快感，并会通过一定方式表现出来，这种比较敏感的反应叫作“私人空间效应”。其实，私人空间的大小因人而异，但大体上是前后0.6~1.5米，左右大概是1米的距离。

私人空间往往会根据对象的不同而发生改变。如果彼此比较亲近，私人空间也许会缩小到0.5米；如果是陌生或者讨厌的人，也许会扩大到2.5米；对于憎恶的人，则是越远越好。而且，通常情况下女性的私人空间比男性的大，而具有攻击性格的人的私人空间更大。

比如心理学家发现，在彼此陌生的情况下，第一个走进一间空房间的人总是找一个靠墙角的位置。第二个进入者则找一个与第一个人差不多相同大小的空间距离的位置坐下。第三个人则会坐在与前面二人距离相当的位置上。在电梯中，情况通常也是如此，也就是说，为了确保自己的私人空间尽可能地不被侵犯和压缩，大家都会寻找一个更加安全舒适的空间。对于闯入这个边界的人来说，我们未必会像老虎一样发起致命攻击，或者将对方胖揍一顿，但是不适感和排斥感会油然而生，而一旦这种空间被一些外在的客观因素压缩后，很多人就会本能地产生逃离的感觉。

但是在电梯中，空间是固定的，而随着人数一个、两个、三个不断往上增加时，大家的屁股左一挪右一挤，每一个人的私人空间都会被快速压缩。一旦原本正常的空间根本得不到满足，而冲出电梯又不合理，这个时候，人就会自觉不自觉地向上面更加空旷的地带逃离，甚至巴不得将自己变成一只壁虎，这样就可以挂在电梯的顶部了，这也是他们总是习惯往上看的原因。另一方面，向上看表明了他们关注楼层提示，希望尽早到达自己想要去的地方，从而快点逃离这个压抑的空间。如果电梯里只有一个人或者两个人，那么就能够满足正常的空间需求，这样大家可能会表现得更加自然和镇定，也会更加放松地乘坐电梯，而不是频繁往上看。

对于绝大多数人来说，乘电梯往上看，只是一种对周围环境感知后产生的心理压迫，接着心理会不断给出“赶快逃离”的暗示，这都是潜意识中的一种正常表现。不过，有的人根本不愿意坐电梯，或者不愿意和陌生人一起挤电梯，甚至会在乘坐电梯时产生非常焦虑的情绪，那么就证明他的幽闭恐惧症比较严重。

在这个世界上，有很多打死也不肯坐电梯的人，他们情愿每天爬几百级的楼梯，或者干脆住在低层楼房，对他们来说乘坐电梯就像被关在笼子里的小鸟一样难受。这倒不是因为他们害怕电梯会突然掉下去，而是因为电梯里的狭小空间显然不能满足他们占有超大私人空间的胃口，或许对他们而言，所需要的并不是房间那么大且四面敞开的电梯，而是需要尽早去心理医生那儿瞧瞧自己的心里到底住着什么“鬼”。

9·11之后的上班综合征

前面提到了幽闭恐惧症通常和个人先天的心理有关，不过并非所有患者都是先天性的电梯恐惧症，很多症状往往和个人经历有关，尤其是一些不愉快的个人经历，通常会给患者留下心理阴影，以至于他们对那些不愉快的事情所发生的场合产生恐惧。而最明显的一个例子就是9·11事件发生之后，很多原先在世贸大厦中工作的人对高层建筑和办公室产生了恐惧的心理。

2001年9月11日上午，塔利班恐怖分子劫持了两架民航客机，并且分别撞向美国纽约世界贸易中心一号楼和世界贸易中心二号楼，导致这两座世界闻名的建筑相继倒塌。不仅如此，世界贸易中心其余5座建筑物也受到了波及，不同程度地损毁，有些还坍塌了；到了上午9时许，另一架被劫持的客机撞向位于美国华盛顿的美国国防部五角大楼，五角大楼局部结构损坏并坍塌。

联合国事后进行了统计，认为此次恐怖袭击使美国经济损失达2000亿美元，相当于当年生产总值的2%，而它对全球经济所造成的损害甚至达到了惊人的1万亿美元左右。不过影响最为严重的恐怕还是事件对美国民众造成的心理伤害。

在9·11事件发生之后的15年时间里，很多人依然无法忘记伤痛，无法从灾难中走出来。首先，他们仍旧处于恐怖袭击的阴影当中；其次，他们仍旧处于失去亲人的伤痛之中；最后，很多人因为亲人的丧生而对高楼和封闭的高层房间产生了恐惧心理，一些在大楼中逃生的幸运者也产生了严重的心理问题，不敢接近高层建筑，不敢在封闭的房间里独处太长时间，甚至对公司里的办公室感到害怕。

托米是某家公司的普通职员，他曾经在世界贸易中心一号楼上班，但是那一天他刚好有事外出，没有去公司上班，结果等他回来之后，却发现公司遭遇了重创，在坍塌的大楼中，只留下一堆尸体和废墟。那天办公室里所有工作的同事和领导已经全部丧生，但是对于他这个幸存者来说，同样留下了难以磨灭的伤痕，在之后的几年里，他几乎每天都害怕去办公室上班，害怕长时间在房间里待着，总是显得心神不宁、焦虑不安，而且不时地往窗户外面看。为了摆脱心理折磨，他干脆辞掉了工作，还卖掉了自己在纽约的高层公寓楼，然后搬到郊区开始新的生活。

霍华德同样也是这场灾难的受害者，和托米不同的是，他那一天正好在世贸大厦上班，也是为数不多的亲历灾难而逃生的幸运者之一。对于逃出生天的霍华德来说，这十几年来，他每天都备受煎熬，脑子里总是不停闪过那些令人惊恐的画面。他说自己每天早上都害怕走进办公室，尽管之后他的工作地点已经搬到了远在数千英里之外的英国，但是恶魔的阴影仍旧未散去。

他非常害怕长时间待在办公室里，总是感到胸闷和呼吸不畅，只有靠近窗子才会好一点。此外，一有什么动静，就感到恐慌，而且一般情况下拒绝坐电梯。平时没有什么重要的事情，他更喜欢提出申请出差。十几年来，他看过了无数次的心理医生，可是仍旧对狭小的空间感到紧张，也会对房间里出现过多的人感到不自在。按照霍华德的说法，他曾经无数次梦见一堆人在灾难到来时，挤在房间里惊慌失措的场景，他至今仍会担心自己缺乏逃跑的空间。“那些楼梯和电梯可救不了我的命”，他总是这样说。

托米和霍华德身上所体现出来的是典型的9·11上班综合征，由于这起灾难性的恐怖袭击带来的伤害，他们已经很难像过去一样从容地面对工作了，尤其是会对工作场景、工作环境、工作所在地的空间产生不信任感和恐惧。他们渴望拥有更加安全的、舒适的私人空间，渴望获得更加安全的工作环境。

还有很多和托米、霍华德一样的受难者，他们自己或者亲人、朋友、同事都在灾难中受到伤害，并带来了心理上的重创。事实上，在那之后，很多人都去接受心理治疗，而在这些治疗的案例当中，患有幽闭恐惧症的并不在少数，尤其是对于那些上班族来说，封闭的办公室已经成为一个不安全的场所。他们害怕办公室里挤满了人；害怕和别人一起挤电梯；害怕大家一起经过过道或者下楼梯；他们会习惯性地东张西望，尤其是喜欢看窗外；会习惯于卡点上下班，一刻也不想多留，并且特别厌恶加班。

据说有一个银行职员，在观看了美国9·11事件的电视节目后，第二天竟然不敢去上班。因为他害怕自己工作的大楼万一发生什么事，就逃不出来。尽管连一个三岁的孩子也明白恐怖分子可不会没事天天就撞飞机，而那些高高矗立的办公大楼也不可能无缘无故就坍塌下来，但这个银行职员还是克服不了内心的恐惧。之后的一段时间，他基本上都是勉强上班，而且一整天都忧心如焚，内心十分痛苦与不安。后来，由于忍受不了对办公场地的恐慌和担忧，他只好辞职回家。

对于他们来说，封闭的空间会束缚自己的行动，并且害怕出现意外的时候，自己没有办法在第一时间逃出去，而这就是他们身上出现幽闭恐惧症的主要原因。显而易见的是，不愉快的生活经历或者见识到了他人不愉快的生活经历，让他们对密闭空间不再那么信任，哪怕整个房间是钢筋打造的，他们也会担心有一天自己被困住，因此不得不一直给自己发出这样的暗示：这里可能会出现意外，还是快点逃吧！

他害怕什么，那就让他接触什么

李太太发现自己的小孩非常害怕坐车，无论是汽车还是火车，孩子只要进入车内，就会表现得焦躁不安，而且还经常冒冷汗。李太太一开始以为是孩子身体不舒服，或者晕车，可是孩子并没有表现出呕吐或者头晕的症状。

后来，她带孩子去看病，医生经过检查，发现孩子的身体并没有什么问题，但是可能存在幽闭恐惧症。孩子害怕坐车，正是因为车内的空间太小，已经让孩子感觉到了不舒服，而由于孩子通常缺乏自我调节能力，一旦受到压抑，可能会通过某些不愉快的情绪或者行为表现出来。有的孩子会哭闹，有的孩子还会拍打车窗，其实他们的种种奇怪表现并不是因为车子不够档次，坐着不舒服，或者是因为自己没来由地想要耍点小脾气。

幽闭恐惧症的患者并不在少数，但是多数人症状不那么严重，而且具有一定的自我调节和克制能力，他们不至于会突然砸开车窗冲出去，也不会在电梯里大吵大闹，迫不及待地想要撬开电梯门，或者脑洞大开地想要挂在电梯顶上。不过也有一些严重的患者会对密闭空间感到极端不适应，而这类患者其实就需要接受积极的心理治疗。

就像李太太的儿子一样，按照心理学家的想法，他需要及时进行治疗，否则以后出门都只能依靠双腿了。而在治疗的时候，心理医生给出的建议是一个人害怕面对什么，那就尽量想办法让他接触什么，这也是心理学家治疗幽闭恐惧症患者的常见方法。

不过，想要确保能够正面地治疗，首先要让患者意识到自身存在的问题，这些问题是否真的有那么严重，这些问题的根源在哪儿。患者需要先意识到自己怕的东西是什么、究竟有多怕、是否经常会害怕，这样患者就能够明确知道自己在环境中所处的位置。

当患者了解到自己的软肋和痛点在哪里后，心理学家就可以更好地将患者的“心理伤口”直接暴露在阳光之下了，然后要求患者直面自己的心理问题。比如心理学家最常用的治疗方式就是系统脱敏法，这个方法是目前治疗恐惧症最安全而有效的行为治疗方法。

治疗开始的时候，医生会事先设定好“阶梯”性恐惧值，也就是说，逐步设定一些承受值，让患者循序渐进地暴露于引起恐惧的事物之前或场所中，令患者的感官逐步接受刺激，使之对刺激的恐惧程度逐渐降低，最终达到症状完全消失。比如说，有的患者害怕坐电梯，尤其是害怕和一大堆人挤在电梯里。为了克服这种恐惧心理，心理医生可以鼓励患者进入电梯内。

经过多次实验之后，如果患者不再那么恐惧坐电梯，那么接下来心理医生会安排两三个“乘客”，以试探患者的反应。也许患者一开始会表现出“我不想和别人同坐电梯”的情绪，但是经过一段时间的强制执行，患者会发现，其实坐电梯也没有那么恐怖，他们也没有产生太多的不适。

一旦患者开始适应与人同坐电梯，医生可以在人数上动一点脑筋，每次实验都适当增加一些人。通过人数的不断增加，患者会慢慢改善害怕挤电梯的症状。当然，这是一个比较长的过程，绝对不能操之过急地一下子给电梯里加上10个人，那样患者可能会像见了鬼一样立即逃出来。

只有通过循序渐进的方法，患者才会逐渐提升自己的适应能力和承受能力，心急不仅仅吃不了热豆腐，还会烫伤患者那颗脆弱敏感的心。因此，这种方法较为缓和，也容易为患者接受，在心理医生的诱导下，很多患者都愿意表现出配合的意愿，所以效果比较好。

在治疗幽闭恐惧症的患者时，大约有70%的患者都会接受这种治疗，而心理医生也乐于采取这种治疗方法来帮助患者逐步建立起信心，逐步建立起新的认知，这样对于患者的心理成长有很大帮助。

除了系统脱敏法之外，还有一种叫满灌法，或者说是暴露疗法，这种方法可不像系统脱敏法那么温和，有耐性，它比较粗暴简单，是一种骤进型的行为治疗方法。心理医生似乎并不准备坐下来和患者慢慢唠嗑，也不准备一点点地试探对方的承受能力，医生所坚持的方法就是直接拉着患者进入那些最害怕的场景，或者让他们面对那些令人恐惧的画面。既然患者害怕电梯，那么心理医生就会毫不犹豫地将他们赶入电梯，让他们直面痛苦；患者如果害怕坐车，他们就强制要求患者每天都要进入汽车或者火车中体验那些痛苦；患者害怕在狭小的房间里独处，那么医生就会将患者关在密闭的小房间里。说白了，心理医生就是要让患者感到不舒服，就是要让他们浑身难受。

在进入那些不舒服的空间后，患者通常不允许逃出来，心理医生同时也不允许患者采取闭眼睛、哭喊、堵耳朵等逃避行为。此法是在一定心理辅导的基础上，将患者骤然置于恐惧事物之前，或场所之中。并且强制要求患者不准逃避，从而刺激他们展示出极度的反应。这种刺激并不会对身体造成什么伤害，而且如果患者也没有受到实质性恐惧对象的伤害，就会在这种痛苦的体验中对恐惧对象建立起全新的认识，并一点点消除恐惧心理。

这种方法往往一针见血，能够很快驱除心魔。当然，并非所有的患者都拥有一颗强大的心脏，总有一些脆弱的人会出现严重的不适症状，就像一个非常怕冷的人，被突然扔到南极去，恐怕会冻个半死。

有个患者在接受暴露疗法后，竟然连续一个月做噩梦，最后整个人几乎都精神崩溃了，心理医生的猛药下得太狠，结果反而导致病情恶化。这些问题显然需要心理医生多加注意，绝对不能鲁莽地对待患者。因此心理医生要做好准备，看看是否有人会在这样的治疗中因为过度恐惧而丢了魂，甚至直接晕过去。显然他们还必须做好相应的急救措施，氧气瓶、急救药物什么的恐怕也是不可或缺的。

其实从心理学的角度来说，让患者主动接触那些害怕的事物，无疑会增强内心的抵抗力，这也是促使个人心理发育和强化个人心理的重要方式，对于很多恐惧症的患者都有疗效。而除了这些方法之外，也有一些心理医生会运用药物催眠，甚至直接催眠进行治疗，只不过这些方法的疗效并不明显，而且临床中的条件比较高，实施起来有一定的困难。

第六篇：

这件事究竟做了还是没做？——强迫症

强迫症在生活中其实很常见，很多人都患有不同程度的强迫症，只不过很多人并没有意识到这一点。比如很多人会一遍又一遍地跑回去关窗户，有的人总是会担心家里的煤气忘了关，有的人走路的时候习惯性地走两步跳一步。

锁了10次的门为什么总像是没有锁上

林小姐是一个记性非常好的人，平时公司里的数据报表还有账单什么的，她闭着眼睛就能说出来；公司这个月有什么活动和会议，有哪个同事要结婚，有哪些朋友准备聚会，她不看日程安排也能轻松说出来。无论是谁都称赞林小姐的脑子非常管用，他们也乐于让林小姐帮忙记事，只要告诉她自己什么时候需要办什么事，林小姐到了那个时候必定会像闹铃一样准确做出提醒。

不过顶着“超级记事本”头衔的林小姐，却自认为是一个没脑子、没记性的人。最让她感到心烦的是，自己似乎总是忘记锁门，就好像脑子里的记忆细胞被门给挤坏了一样。有时候，她会反反复复告诫自己门已经锁上了，可还是经不住脑子的提醒，刚一下楼，又噌噌噌地跑上去重新锁一遍门。

尽管没有做过准确的统计，但是每一次出门至少都要往返四五次，而且每次锁门后，非得使劲推几下门才放心。而随着症状的加重，家里的门似乎有意和自己对着干，每次出门锁门的次数不断增加。事实上，她很少会担心家里的窗户、电灯、水龙头或者煤气罐关没关，唯独这扇门让自己操碎了心。

有时候，她明明记得自己锁了门，而且也很清楚自己刚从楼上下来，但想了两秒钟后，还是会不放心，然后重新上楼看看情况。有好几次，她出门上班都已经坐上公交车了，想到家里的门可能没锁好，就会急忙下车返回家中。现在，随着症状的加重，林小姐每一次都要往返七八次才放心地离开，这一点就连她自己也难以控制了，觉得自己是一个怪胎，不得已她只好求助心理医生。

其实，林小姐并没有必要因为自己奇怪的举动而感到恐慌，而且她也不是唯一一个具有类似举动的人，很多人都有类似于林小姐这样的症状，只不过没有她这么频繁和严重。而这类症状实际上也是一种比较常见的心理疾病——强迫症。

强迫症是一组以强迫症状（主要包括强迫观念和强迫行为）为主要临床表现的神经症。强迫症在生活中其实很常见，很多人都患有不同程度的强迫症，只不过很多人并没有意识到这一点。比如很多人会一遍又一遍地跑回去关窗户，有的人总是会担心家里的煤气忘了关，有的人走路的时候习惯性地走两步跳一步。

心理医生认为多数人在第一次锁门的时候，就会将门完全锁上，偶尔有一些冒失鬼，也会在第二次锁门的时候锁上。对于林小姐来说，她一遍遍回家锁门，并且明知道自己已经锁上了门，却仍旧经受不住自我怀疑和担忧，于是反反复复进行验证，这就是典型的强迫症。对于强迫症的患者而言，无论自己做了几遍这样的事，心里都会感到不踏实，同样会觉得没有做或者没有做到位。他们担心自己会遗漏某一个环节，从而导致工作的失误。哪怕锁了10次门，只要脑子里蹦出一个想法：“我真的将门完全锁好了吗？”他们的记忆力、意志力、自制力将很快动摇和崩塌。接着，他们会在最短时间内冲回家中，然后重复一下那个锁门的动作。他们会想出各种遗忘的理由：我可能没有锁；也许我锁上之后忘了推一下门验证一下；门原本是锁着的，刚才回去重新锁了一下，会不会又被打开了；我的钥匙是否转动了里面的锁芯……不得不说，他们总有办法找到理由说服自己“那扇门真的没锁”。

这的确很折磨人，连患者自己也能感觉到其中的矛盾，他们不得不长时间纠结于“锁和没锁”之间，不得不反复求证自己是否将事情做好了。很多患者尤其是症状比较严重的患者，都会受到强迫症的困扰，他们的自知力完好，知道这样是没有必要的，甚至很痛苦，却始终控制不住自己去想，也无法制止自己重复地做那些事。对他们而言，世界上最痛苦的事不在于这件事没有做好，而在于这件事做了之后总像是觉得没做。因为他们的心里住着一个调皮的小恶魔，只要一离开家，它就会跳出来，大喊大叫：门没锁，门没锁！

美国的一项调查显示强迫症患病率大约为1%，而我国在1982年曾经做过一次12个地区的调查，结果显示强迫症的患病率为0.3‰。但实际上随着生活节奏的加快，随着生活压力的加大以及人们生活方式的变化，强迫症患病率远远高于官方统计的数据。即便是结合临床实践，相关人员也表示国内的强迫症患者大约有500万~1000万，患病率约为5‰~10‰，而且强迫症的一大特点就是男性化、年轻化，因为大约80%的强迫症患者在25岁以前发病，而男性比女性多。由此可见，年轻人尤其是年轻的男人更愿意胡思乱想，更愿意和自己“过不去”。

而在这些强迫症患者中，频繁想到“门可能没锁”的人占了很大一部分。很多上班族平时都是保持快节奏的生活方式，做什么事情都讲究效率，他们总是希望所有的事情一次性通过，但是在锁门这件事上，的确容易犯迷糊，对他们来说，心中的那扇门的确很难被锁上。

这样的强迫症对患者不仅仅是心理上的折磨，对生活和工作也造成了严重的影响。有个强迫症患者说自己因为经常回家锁门，导致妻子认为他脑子有问题，两个人最终离婚；也有人表示自己被那扇“锁不上的门”给耍得团团转，以至于出门工作都不踏实，有很多人因为锁门问题而迟到。正是因为越来越多的人发现自己家的门“不好锁”，而且一个比一个更难锁，这导致了“门没锁”这样的现象成为一个公众话题，而强迫症也成为一个不可忽视的心理疾病，也有很多人都开始将“门到底锁没锁”当成自我检测的一个方式。但无论如何，每一个人都需要对强迫症引起足够的重视，否则可能会陷入无休止的困扰当中。

“亲爱的，你的手都被洗破了”

众所周知，洗手是良好的生活习惯，不洗手反而会让人感到不卫生也不健康，但洗洗手很健康是否意味着我们每天都要不厌其烦地在水龙头底下洗刷刷呢？是否意味着我们经常要一连几个小时使劲搓手上的皮呢？恐怕一个脑子正常的人都不会有事没事洗手玩，爱玩水的孩子也不会那么做，这可不是一个多么有趣的游戏。

但是总有那么一群人似乎迷上了洗手，只要一开始洗手，就会没完没了地洗下去，就会忍不住要和自己的双手“大战一番”，而且就这样将双手放在水龙头下一个小时、两个小时，甚至是三个小时。

何先生平时工作很忙，无暇顾及家人，因此家里发生的事情他常常一无所知，尤其是在孩子的成长过程中，他同样觉得非常抱歉，总是希望能够抽出更多的时间来陪孩子。有一次，何先生好不容易从公司请到三天假期，于是就带着妻子和孩子一起出去旅游。

在酒店的卫生间里，何先生突然发现了一件奇怪的事，发现儿子一直在洗手，而且一连洗了几分钟也没有要停下来的意思。起初何先生觉得儿子只是想要玩水罢了，就提醒他不要弄湿了袖子。

当何先生出来之后，一直等了15分钟，还不见儿子出来，于是觉得很奇怪，再次跑到厕所去看，发现儿子还在那里洗手，他只好带孩子出来。可是出来没多久，何先生明显觉得儿子总是很不习惯地搓着双手，就连平时喜欢吃的菜也一动不动。

几分钟之后，儿子提出要去上厕所，这一次孩子的妈妈陪着一起去，结果上完厕所后，他又开始在那里洗手，而且一直洗个不停，就像自己的双手沾满了脏东西一样。母亲一开始没怎么在意，可是看到儿子一直那么专注地洗手，她有些担心起来，事实上她根本没发现孩子手上有什么异样。

回家之后，妻子将自己的担忧告诉了何先生，何先生也觉得非常蹊跷，于是就问孩子到底是怎么了，可是孩子什么也不知道，什么也不肯说，这让夫妻俩更加担心，觉得孩子一定是出了什么事，否则谁会成天有事没事像搓一块抹布那样洗自己的双手。第二天，何先生夫妇带着孩子去医院里看看，可是医生左看右看什么毛病也没瞧出来，这时候医生告诉何先生说孩子可能患上了洗手强迫症。

“洗手强迫症”？这是个什么病？何先生简直听都没听过，他有些茫然地苦笑。在公司里老板天天强迫他们工作和加班；在银行里，那些“资本家”又强迫自己每个月上缴贷款；在外面，客户又要强迫自己在酒桌上自罚三杯。这些倒是更像强迫来着，怎么洗手也有人强迫吗？难不成不洗手就会感到浑身难受，就会犯罪？

其实何先生猜对了一点，对于洗手强迫症的人来说，不洗手真的会浑身难受。医生认为洗手强迫症是非常常见的一种强迫症，患者并不是真的喜欢洗手，而是一旦洗手便反反复复洗手，总是觉得洗不干净，而且不由自主地强迫自己洗手。他们的手难道真的有这么脏吗？难道他们的手有好几年没洗过了吗？难道洗上一个小时也还真的洗不干净吗？显然不是，他们有时候也想要克制自己洗手的冲动，也知道这样做并不合理，但是就像冥冥之中有人抓住自己的手往水龙头那儿靠一样，无论如何也制止不了。

很多患者在洗手的时候会带着情绪，而且往往用力过度，哪怕是磨破了皮，出了血，他们也一样会执着地洗手，看起来这双手就像是两个萝卜一样，或者不是自己的手，他们可以这样不由自主地折腾上一整天。对于患者来说，很多时候一切都不受自己控制，一切都在自己的计划之外，就连他们自己有时候也不知道这样洗下去会怎么样。

不过医生也认为强迫症的出现肯定具有某一个诱因，到底是什么导致强迫症出现的呢？这是了解和治疗强迫症的关键。按照医生的想法，何先生夫妇必须弄清楚孩子为什么会变成这样，是因为受到了什么刺激吗？或者说是因为遗传因素。了解病因是每一个强迫症患者都需要解决的问题，也是治疗的一个基本前提。

那么究竟有哪些原因会造成洗手强迫症呢？

洁癖

有的人爱干净，而且爱到极致，没事就收拾一下，没事就喜欢清洗身体，而且害怕碰到脏东西，他们通常不允许身上有一丝一毫的脏东西。这就是洁癖，而对于患有洁癖的人来说，他们往往对自己的双手非常注意，只要碰到了脏东西就会洗手，重要的是他们总觉得自己的双手被弄脏了，所以一整天都会频繁洗手。对他们来说，“脏”只是一个概念，而不一定非得是实物，但只要这个概念在脑中闪现，他们就会立即洗手。

很多时候，他们自己也能意识到这一点：“一碰到不干净的东西，我就没办法忍受，我就想要去洗手或者洗澡，我也知道这样做没有必要，可是我不得不这样做，我控制不住我自己。”有洁癖的人根本就控制不住自己洗手的欲望，如果不洗手，他们可能都不知道该把自己的手放在哪里。

受到刺激

精神上的刺激往往会造成心理上的问题，很多洗手强迫症的人就是因为受到了某种强烈的刺激，才会对自己的身体或者双手产生一种罪恶感，会认为自己的身体很脏，总是想要洗干净，以此来获得暂时的安慰。

有个小女孩小时候曾经摸了一下亲戚家的蛋糕，结果被亲戚辱骂说手很脏，弄坏了蛋糕，不仅如此，这个亲戚还当着所有人的面将蛋糕倒进了垃圾桶。对于小女孩来说，因为自己的手碰了一下，导致那么美好的东西一下子成了垃圾，这让她的心理受到了很大的冲击，自尊心也受到了影响。加上亲戚刻薄、恶毒的话，这让她对自己的双手产生了罪恶感，她开始讨厌自己的左手（摸蛋糕的这只手），开始觉得自己的手很脏。在那之后，她开始经常洗手，而且每次都会花费二十几分钟洗左手，一遍又一遍地冲洗，就好像永远也洗不干净一样。这个习惯如今已经持续了三十几年，哪怕自己当上了妈妈，哪怕自己拥有了家庭，可是童年的阴影仍未散去，她仍然会想起那个被丢弃的蛋糕和那些恶毒的话，仍然会觉得自己的左手很脏。

焦虑不安

对于很多人来说，焦虑会成为频繁洗手的一个帮凶，强迫症的患者往往存在焦虑症，平时生活和工作中都容易焦虑不安，尽管可能什么事也没发生，什么事也不会发生。但是焦虑就像一个无处不在的恶魔一样，总是跳出来影响情绪，而很多人缓解焦虑的方式就是洗手，或者说他们某一次在焦虑发作的时候正好在洗手，因此洗手成为一个非常奇怪的情感宣泄口，但这种宣泄方式会让他们越陷越深。一旦出现焦虑不安的情绪，他们就会洗手，并且通过洗手来排遣这种焦虑，但是反过来说，洗手又会让人变得更加焦虑，而随着焦虑的频繁出现，就会陷入一个恶性循环。这也是为什么很多人越洗手，心越烦，而且整个人的状态越来越差，甚至感觉不到自己可能已经在水龙头边待上几个小时了。

以上这些都是常见的病因，患者在接受治疗的时候，只有找出病因，才能够真正把握好治疗的方法，才能够有效缓解症状，并且将自己从强大的精神压力下解脱出来。当然，患者也需要进行心理调节，要知道，洗手本来应该是一件健康且愉快的事情，只不过左手又何苦为难右手呢？

“肮脏不堪”的妥瑞氏症

王先生从小就有一些比较怪异的表现，比如会忍不住抽动，会强迫着自己发出一些奇怪的声音，会当着外人的面突然不由自主地扮鬼脸，很多人觉得他好动、调皮，是一个不受管束的野孩子，还有一些人给他取了绰号：“浑身抽动的耗子”“变异的摇头怪”。尽管饱含讽刺意味，但是王先生只能默默忍受，实际上他对自己身上发生的一切都毫无掌控力，嘴巴什么时候会噘起来，脸部什么时候会出现扭曲，脑袋什么时候还会突然摇动起来，这些他都一无所知。长大后，他刻意想要约束自己的奇怪行为，可是根本起不到任何效果，他觉得自己就像一个木偶人一样，完全被操纵了。

有一次，王先生去图书馆看书，由于没能控制住自己，他突然在安静的图书馆里发出一种类似青蛙的叫声，大家都觉得很诧异，纷纷将目光对着王先生。很多人都弄不清楚，觉得他是一个肮脏怪异的人，“一个人怎么能够在这种场合发出类似于青蛙的叫声，这太没有礼貌和公德心了”。

在大家责备和讽刺的眼光中，王先生非常羞愧地离开了图书馆，同时也更加觉得自己的声音肮脏不堪，觉得自己就像是一个怪物。可是有一天，当他在餐厅里再次发出那种怪声音时，有一个年长的人礼貌地拍了拍他的肩膀：“这位先生，请问你患上的是妥瑞氏症吗？”妥瑞氏症？王先生根本连听都没听过，也不知道对方说的究竟是什么东西。

王先生正在羞愧和疑惑的时候，对方拿出了一张名片，原来他是一个医生，他希望王先生可以正确地认识到自己的身体情况，并且更加积极地面对它。王先生这时候才第一次认识到发生在自己身上的一切，那可不是什么恶魔，不是什么怪物，而是一种疾病。

其实，很多人都和王先生一样，根本不知道这是什么病。其实妥瑞氏症是法国医生妥瑞于1885年提出的。当时他提出了8个病例报告，描述了患病儿童所做出的一些不自主的动作，他们会不自主地抽搐、眨眼睛、噘嘴巴、装鬼脸、脸部扭曲、耸肩膀、摇头晃脑；有时候他们会不由自主地清喉咙、大叫或发出某些怪声。这些东西和王先生的症状大多都能对应起来。

而美国曾经有一部根据真实故事改编而来的电影《叫我第一名》，里面的主人公是一个在动作和声音上都有明显抽动表现的男孩，他在成长、受教育过程、求职、谈恋爱方面，几乎每一次都遇到重重阻力，因为大家觉得他是一个奇怪的男孩，觉得他的言谈举止让人觉得不可理喻。

上小学时，为了不让自己病症发作，发出那些不可控制的奇怪叫声，他常常只能拼命咬住铅笔。可是那些怪声还是时常会偷偷从嘴角的缝里跑出来，他对此感到无能为力，所以接下来的情形就是，老师不得不将这个喜欢“恶作剧”的调皮孩子拎到讲台前，向同学们道歉，并且承诺不再在课堂上“搞怪”。小男孩的父亲根本不知道儿子的病症，也不知道儿子多年来一直孤独地同疾病做斗争，他也无法忍受儿子的怪声音，总是命令儿子不许故意捣乱。

等到小男孩长大后，他申请了研究所的考试，为了不影响其他人考试，他申请单独在某一个房间里考试，而且为了抑制住抽动，他需要比别人多得多的时间来完成考试。后来他通过了考试，并且努力想要成为一名老师，可是没有任何学校和家长会愿意接受一个经常抽动的怪人，但在母亲所说的那句“不要让妥瑞氏胜过你”的话的鼓励之下，他一直坚持努力，并且最终如愿以偿。

在英国，有超过30万的成年人和儿童患有妥瑞氏症。而在中国台湾，几乎每二百人中，就有一人患妥瑞氏症，在大陆，虽然没有进行过相关的调查研究，但人数也绝对不在少数，而这些群体很多都被社会忽视了，甚至于多数患者连自己为什么会这样也不知道，他们只知道自己控制不了那些抽动的症状。现在，医生们找到了几种病因：脑基底核的多巴胺过度敏感反应，以及脑基底核与脑皮质之间的联系出现问题，这是导致不由自主地抽搐和发声的病因。国外的研究发现，大约40%的妥瑞氏症儿童是因为碰上了邪恶的链球菌感染，此外，有毒物质、心理兴奋剂、过敏原、食品等也会让孩子表现异常。

事实上，谈论了这么多的妥瑞氏症，那它和本章节的强迫症究竟有什么关系呢？实际上，虽然同样是不受自己控制，但严格来说，妥瑞氏症并非强迫症，只不过两种病症在大脑中的形成路径比较相似。因此，从症状表现上来说，两者之间很相似。而且很多时候，患者会以妥瑞氏症合并强迫症出现，也就是说很多妥瑞氏症的患者都伴随着强迫症，这两个“表兄弟”常常会结伴出行。这种同时出现的概率并不低，心理医生认为在那些患有妥瑞氏症的儿童中，可能有40%的人有强迫症。而当这两者合并之后，就产生了更大的破坏力，比单纯某一种病症的危害大

3~5倍。

简单来说，原先一天洗几次手的人，现在可能会更加频繁地洗手；原先有锁门强迫症的人，可能会增加锁门的次数；原先那些经常抽动的人，也会在病症未发作的时候强迫性地做出习惯性的动作。对于兼具这两种病症的人来说，强迫症的症状会被不断放大，换一种说法，妥瑞氏症就像是给强迫症里添加的催化剂一样，双方会产生更为激烈的反应。有的人说："妥瑞氏症就像上帝画下的一个圈，有的人能看到圈外无限广大的世界，勇敢地跨越这个界限；而有的人只能看到圈本身，在自己的小天地里作茧自缚。"这种自我约束实际上就是心理上的束缚，就是强迫症带来的负面影响。

心理医生在调查研究中，发现很多妥瑞氏症的儿童，会存在经常洗手的习惯、会反复回忆过去听过的音乐、会经常重复自己说过的话和观点、会忍不住怀疑自己染上了某种不好的疾病、会怀疑自己曾说了什么脏话而被人误会……在这些患者当中，不少人不仅仅受到妥瑞氏症的困扰，不仅仅要接受来自身边的人和社会大众异样的眼光，同时还要忍受自己不想做却逼着要去做的事情。可以说，无论在身体上还是心理上，患者通常会觉得自己正被一种神秘的力量所摆布。

所以在很多时候，他们中的很多人都是以这样一种奇怪的方式存在：动不动就发出奇怪的叫声，动不动就抽动身体，然后有事没事就会站在水龙头前拼命地洗手，或者一而再再而三地强调同样的几句话。他们看起来像是一群怪人，但实际上，当他们不可控地被身体和心理所摆布的时候，那种苦楚也许更需要社会去包容，也需要他们自己去包容。

无论怎样，都要顺其自然

很多人觉得强迫症应该不会有什么危害，只不过是反反复复做一些事情，容易降低效率罢了。但在心理医生看来，强迫症治疗起来可一点也不轻松，而且比抑郁症、焦虑症都要困难一些，其症状改善通常比较慢，服药剂量一般也偏大。如果得不到及时、正确的诊断和治疗，会严重影响患者正常的生活和工作，给患者及其家庭都带来巨大的痛苦和负担。

频繁洗手可能没什么，一旦破了皮还要洗，那就有点吓人了；办公室的门锁了第一遍没事，可是接连锁上三四遍，那么老板可能会感到头痛了；一句话强调一遍没什么，可是反反复复像个复读机一样唠叨半天，别人就会产生反感。所以真正的问题是，患者的脑子里总有一个闹铃，只要闹铃一响，他们就能自制地采取相应的行动，哪怕明知道这种行为是错误或者不合理的，现在他们需要的是在大脑里安装一个软件，必须让自己停止行动，哪怕闹铃提示的声音再大再长，也要保持无动于衷。

所以心理学家提倡的做法就是顺其自然，简单来说，就是无论自己发现门究竟锁没锁上，都要保持漠不关心的态度，要时刻这样告诫自己："门可能已经锁上了，或许根本没有锁上，但我既然锁了一次了，那么就没有必要去锁第二次。"无论自己的手洗干净了没有，都要抑制住内心再次洗手的冲动，一旦洗了一次，就要顺其自然，不论它是干净的还是脏兮兮的，都不要再去关注。这可能会让他们犯一些错误，但至少不会给人一种“没脑子”或者傻兮兮的感觉。而这样就能慢慢地减小压力，克服这些小事给自己带来的焦虑情绪。

胡小姐拥有比较严重的强迫症，工作的时候，常常会反反复复核对账单和数据报表，总是担心自己遗漏了哪些错误，一开始经理们都觉得她的工作态度很好，有强烈的责任心，不过每次经理去拿报表的时候，她总是比别人慢一拍，总是会临时想着再检查一遍，这让经理心里觉得怪怪的。

有一次，公司让她整理一份重要的客户资料，结果她一整个上午什么也没做，就在那儿认认真真、反反复复地核实资料。等到经理开会时催人来取，她还是不放心地多看了几分钟，结果耽误了开会。事后经理虽然没有说些什么，但是对胡小姐的工作效率产生了质疑。

但实际上胡小姐这些年来很少出错，平时只要审核两遍，基本上连最细微的细节问题也避免了，可是她习惯了这种反反复复，这种工作模式反而让人觉得很压抑。她自己明知道没必要那么认真，却总是按捺不住内心的冲动，就好像那些资料一直在张口催促她一样：再看看吧，里面可能还有一些问题。

胡小姐非常苦恼，将这件事告诉了自己的同事，结果有个同事给她提了一个建议，那就是每次认真检查完报表或者资料后，觉得没什么问题了就立即取一只档案袋，将审核完的东西完全封存起来，并且放在抽屉里锁好。无论自己多么想要重新核实和检查，都要努力克制；无论核实后是否存在什么错误，都要保持不闻不问的态度。

接着，她按照平时正常的检查步骤，在认真核实两遍后，就立即封存起来。一开始内心不断有一个奇怪的声音催促自己再检查一遍，而她也有好几次鬼使神差地打开抽屉。可是一见到封存好的档案袋后，立即又感到不知所措了。就这样，过了半年多，胡小姐的强迫症症状有了明显的改善，也很少像过去一样反复审核七八遍。

其实，强迫症的一个重要特点就是喜欢琢磨，一件事情会重复去想，重复地分析和挖掘，结果一件芝麻大的事情往往也会想出天大的事来，对于任何人来说，必须保持一个更加宽容的姿态，无论是对自己还是他人，都要保持正确的、客观的认识。在思考问题时，不要钻牛角尖，不要动不动就将那些话题引入到死胡同里去。而顺其自然就是要求患者放下强迫的心理，只要自己做了一次，就不要在乎结果，就不要在乎事情做没做或者做没做好。患者要学会享受过程，要懂得抱着一种欣赏的姿态去面对生活，结果并不那么重要，重要的是有了经历和体验，并通过这些体验，感悟到做某件事情的乐趣和意义。换句话说，患者更应该给自己设置一个界限，那就是“一次原则”，做过一次后，就没有必要还想第二次、第三次了。

另外，强迫症往往和过度追求完美有关，有些患者总是想着将事情做到完美，总是不断提醒自己，“我不能在工作中犯一丁点的错”“我不能出现任何一点错误的举动”“我不能表现出一丁点的缺陷”，但从生活的角度来说，也许“有缺陷的同志才有可能成为好同志”，那些什么都表现得很完美的人，根本不存在。

我们从小就应该养成认真细致的生活习惯，这是正确的做法，但不能过分和极端。过度追求完美，总想着把事情做到毫无瑕疵，根本不能容忍任何一点微小的错误，这只会增加个人的负担。所以在预防和治疗的时候，患者需要保持淡然的心态，不要总是过分看重自己的形象和成绩，不要老是询问自己“我做得好不好，是否还有进步的空间”，不要总是在乎别人的想法，并担心他们会鸡蛋里挑骨头，有时候我们要懂得对自己犯下的一些微不足道的错误手下留情，也要懂得对自己的缺陷抱着一种欣赏的态度。

当我们总是要求自己考试必须100分，工作必须绩效第一，恋爱对象必须白富美时，可能就会被一大堆美好的愿望压得喘不过气来。其实考到90分也不错，绩效过关了就行，恋爱对象只要自己喜欢就不错，而且还有一个最基本的问题是：我们也许只能做到这么好，就像蛤蟆真的不能吃到天鹅肉一样，它们只能吃虫子。所以做自己能做的，想自己该想的，抓住自己有把握的，这就是一种最轻松的状态。

只有顺其自然，患者才能够真正走出心理困境，才愿意包容更多的东西，脑子里也才不会被那些门和锁之类的东西霸占。也只有这样，才能够从一些思维的死角中走出来，真正面对社会生活，真正去体验生活，而一旦生活变得更加丰富、充实，他们就能够顺利地从那些强迫着重复去做的事情上转移开来。

第七篇：

被渐渐抽离的社会认知功能——精神分裂

由于精神分裂症患者在思维和认知方面的扭曲，在多数时候，他们都处于疑神疑鬼的状态，并且还试图证明自己的行为有根有据，这样就让他们在治疗上更加棘手。

当妄想成为一种自白

提到精神分裂，很多人都会想到疯子，但有人也说疯子和天才只有一步之遥，在某些时候天才身上都具备一些疯子的特质。而在这些疯子当中，有一个真正可以称得上是疯子和天才完美结合的人，那就是提出了博弈论的著名经济学家约翰·纳什。

作为世界上最杰出最优秀的数学人才之一，在1950年，这个博学多才的大人物提出了一个引发经济学重大变革的“纳什均衡”理论。1959年，他成为麻省理工学院的一名年轻教授，并开始使用非常规的方法解决一些别人无法解决的数学难题，这个怪才取得了很大的成功，当然也带来了一些精神上的问题。他的妻子正是在这一年，发现了纳什先生行为上的改变，他对妻子越来越疏远，越来越冷淡，言谈举止也越来越古怪。

两个人的对话中开始出现一些不和谐的怪异腔调，纳什就像一个突然大脑短路外加精神受刺激的人一样，总是喋喋不休地追问一些奇怪问题，并且重复地问：“告诉我这是为什么？”有时候，这个天才又会愤怒地指着妻子的鼻子说：“你知道得太多了。”这意味着什么呢？是说他自己太笨了，还是嫉妒别人知道一些他不知道的东西？妻子几乎被逼疯了。

不知从哪一天开始，他对于向妻子提问感到厌倦，可能是因为从妻子这儿得不到他想要的答案，想要的任何一个答案。他开始将自己的目光转向联合国、联邦调查局和其他一些政府部门。他不厌其烦地给这些部门机构写信，信里面的内容滑稽无比——他提到了一个夺取世界的阴谋，而且只有他一个人发现了这个阴谋。谁在夺取世界，为什么夺取世界，他怎么会知道这个阴谋？这封信的内容简直就像是一个恶作剧。

纳什可不那么认为，他大概是真的察觉到了某些不为人知的信号，鬼才知道他是怎么知道这一切的。见自己吃了闭门羹，纳什开始意识到自己必须在公开场合讲出这些事情，这一刻他觉得自己就像是一个拯救世界的英雄，或者说一个地球小卫士。无论如何，他在公开场合宣称自己感知到一种来自外太空或外国政府的力量正在通过《纽约时报》的封面与自己交流。这番言论并未引起什么太大的反响，谁知道这个天才的脑子是不是突然被门给挤了。

在接下来的几周，他的精神明显越来越不济，而且脑海中开始产生幻觉，那还是一些非常神秘古怪的画面。直白地说，就是他感觉到了一个秘密的世界，一个身边其他人都浑然不知的秘密世界。此外，他的妄想症开始大爆发——当他看到校园里某些戴红色领带的人，就会忍不住去想："他们这样做是为了引起我的注意，以便我能关注到他们。"问题变得不可控制了，想象一下这个世界上究竟有多少人戴红色领带——他们都来源于一个秘密的组织。这样的妄想简直可以与最异想天开的精神病患者相媲美，可以和最扯淡的故事相比较。

事情还没完，他开始扬言要干掉妻子，妻子见到行为越来越怪异的丈夫，心里非常不安。无奈之下，她只能选择将他送入精神病院接受治疗。这一下，精神病医生得出了一个诊断结果：偏执型精神分裂症。而纳什先生不能够再在外面教书或者发表奇怪言论了，他必须得接受治疗。

而在整个治疗的过程中，这个天才的经济学家竟然拥有了天才的演技，他虽然也经常表现出和此前一样的狂乱行为，但是却懂得掩饰自己的妄想，医生们竟然被他骗了！这或许也是历史上极少数的精神病患者可以欺骗医生的病例。

就这样，聪明的纳什离开了那个让自己的天才想法受到约束的精神病院，出院之后，他漂洋过海去了欧洲。只留下一句狠话：我永远都不回来了。到了日内瓦后，纳什突然神经兮兮地放弃了自己的美国国籍，还撕毁了护照，然后等待他的就是被欧洲各国驱逐。两年后，大家发现他在普林斯顿的大街上游荡，穿着俄罗斯农民的大衣且经常光着脚走进饭店。当然，这位表情凝固、目光呆滞的天才还是孜孜不倦地谈论世界和平，而且还向大家表示自己正在致力于建立一个世界政府。与此同时，他还是不停地给全世界的显赫人物写信打电话，谈论数字命理和世界事务。

纳什是一个典型的精神分裂症患者，而精神分裂症的状态是一种人格几乎解体，也就是人格崩解的状态，即我们平时常说的疯子，患者会被幻觉、妄想、思维知觉扭曲、情感迟钝等症状所困扰。在纳什身上最明显的一个特征就是迫害妄想，他总是想象有他人正在跟踪、监视或暗中谋害自己或者做一些具有威胁的事情。

在绝大多数时候，患者总是在想一些不可能发生或者根本不存在的事情，并不断搜集证据来支持自己的这些想法，或者根据想法采取实际的行动。不仅如此，妄想者还是一个执着的“疯子”，他们拒不承认自己的观点是错误的，同时对那些试图排斥、反对、拆穿自己观点的人保持强大的戒心，一旦别人对他们的观点予以否定，他们甚至会拼命。

有的患者会成天戴上帽子，帽檐压得很低，因为他试图摆脱一个坏蛋的追踪；有的人在脑门上贴上一片铝片，为的就是不让外星人入侵他的思想；有的人声称每天晚上和先知进行对话；有人声称自己被一只犹他盗龙追杀。这种想象力可不是一般水平的人可以拥有的，有时候他们看起来会是一个合格的小说家。

由于精神分裂症患者在思维和认知方面的扭曲，在多数时候，他们都处于疑神疑鬼的状态，并且还试图证明自己的行为有根有据，这样就让他们在治疗上更加棘手。像纳什这种患者，竟然还能像一个正常人一样演戏，假装自己已经好了，这无疑给心理医生和精神病院增加了很大的负担和难度。

挥之不去的幻觉

有个心理学专家访问了一个具有严重精神分裂症的患者A先生，并且将双方的对话进行录音。

专家：你在这里一共待了几年了，五年还是六年？我听说你现在没有任何亲人了，是吗？

患者：不，绝对不是！大概是三十年，当然我还要再待上三四十年，你知道这里还是相当不错的。

专家：可你只有一个人，连一个亲人也没有。

患者：我有亲人，我的姑妈上个星期刚来看过我。

专家：你还有姑妈，她不是早在数年前就去世了吗？

患者：真是可笑，我的姑妈怎么会死呢？她将我送到这儿，还经常来看我，上周我们约好了一起出去喝上一杯咖啡，我说的是她将会亲自泡咖啡给我喝。

专家：是吗？我想那味道一定非常好。

患者：是的，绝对很好喝，你知道我不喜欢撒谎，否则我的父亲会拿那杆猎枪轰了我的脑袋——啊，说起老爷子，他的确不像我姑妈那么和善。你知道我昨天晚上还想着偷偷回家，将老爷子的猎枪偷过来。

专家：那么你也是一个好的枪手？

患者：算是吧，但我会拿起枪在你脑门上打个洞，你可以试试我的枪法。

专家：还是让我们谈谈你的姑妈吧！你觉得她今天或者明天还会过来看你吗？

患者：等我拿到那杆猎枪再说，你难道真的不相信我会打爆你的脑袋？当然，至于我的姑妈，那没什么好说的，下午她就会来看我，我托她买了几盒鱼罐头还有一些凤梨。

…………

对话结束后，专家离开患者的房间，然后对其进行密切的观察。下午三点钟，A先生突然莫名其妙地起身，然后在房间里来回走动，最后规规矩矩地坐在床边，保持微笑，并且不停地点头，看上去像在听人说话一样。而据精神病院的院长说，A先生几乎每隔一个星期都会出现这种幻听的症状，因为这个时候他的姑妈会来探望，尽管她已经去世多年。

这个故事听起来有些恐怖，但实际上恰恰是很多精神分裂症患者所遭遇的，因为精神分裂症是一个人思维错乱引起的语言错乱不合常理及行为怪僻等方面反常的思维疾病，思维错乱就会引发幻觉。

那么什么是幻觉呢？简单来说，我们在遇到某种现象或问题时，有时置之不理，有时会做出自己的判断和推想。但这种推想与现象或问题的真相可能相符合，也可能会不符，一旦个人意识与真相产生偏差，那么就会产生幻觉了。

幻觉是精神分裂症的一个典型症状，指没有相应的客观刺激时所出现的知觉体验，这是一种比较严重的知觉障碍。幻觉常常逼真生动，会引起愤怒、忧伤、惊恐、逃避乃至产生攻击别人的情绪或行为反应。心理学家认为多数精神分裂症的患者都会凭空产生幻觉，然后他们就会跟着这些幻觉一路走下去。幻觉支配着他们的行动，也会让他们失去对现实生活的正常理解和体验能力。

比如前面所说的纳什，他在普林斯顿的疯狂举动让家人、朋友以及校方感到担忧，他们只好再次将他送进精神病院。经过积极有效的治疗，他开始从那些神秘世界回到现实，还开始继续自己的论文和研究，不过病情还是会反复，他还是会在幻觉和现实中来回游走。出院后，纳什每天走出去最远不会超过图书馆或家门口路尽头的商店，不过他声称自己已经遨游到了开罗、喀布尔、圭亚那、蒙古等遥远的地方，而且分别住在难民营、使馆、监狱和防空洞里，有时候则居住在阴间，周围满是老鼠、白蚁和寄生虫。而每到一个地方，他就会多出一个身份，如一个巴基斯坦的难民、一位日本幕府的将军、有时是一只老鼠……

但谁都知道纳什根本就没有去过蒙古或者开罗，更没有担任什么幕府的将军，也没有成为老鼠，一切都是他的幻觉。很明显的是，纳什在对自己所见到、所听到或者所想的事情进行分析时，思维发生了严重的扭曲，所以他会被带入到幻觉当中，这时候他就会非常肯定自己见到了什么、听到了什么或者触碰到了什么，但实际上这些东西根本就不存在，一切都是患者自己在大脑中假想出来的，简单来说，他被自己的大脑给欺骗了。

有个患者曾经认为心里想的意识可以通过自己的耳朵传达出去，只要心里想着一头母牛，这头母牛就会通过耳朵这个大喇叭扩散出去，让所有人都知道他的心里住着一头母牛。但实际上嘴巴才是那个传播的大喇叭，耳朵只是接收信息的器官，但是患者未必清楚地了解这一点，他已经将耳朵和嘴巴弄混了，下一次他可能就会觉得自己的耳朵一直在叨叨叨地说个不停，或者认为真的有一头大母牛从耳朵里逃了出来。

幻觉通常和各个器官有关，会通过幻听、幻视、幻触、幻嗅、幻味、本体幻觉等形式表现出来。

幻听

幻听是一种最为常见的幻觉，病人会莫名其妙地听到各种声音，并产生相应的反应。比如：很多患者幼年遭遇家暴，那么患病后经常会听到父母亲的呵斥和大声辱骂，但实际上根本没有人在身边；有些罪犯在监狱中受尽磨难之后，哪怕释放回家后，也经常会听见有人在命令他趴下或者在地上爬来爬去。

幻视

幻视是指患者经常见到一些根本不存在的现象，或者对自己所见过的东西进行扭曲，从而创造出一个并未出现的物体。很多患者声称自己见到了上帝或者鬼怪，有时候会突然在路上狂奔，因为有一条巨蟒在追他。

幻触

幻触是指身体上的一种异常感觉，比如突然觉得有虫子咬了自己，觉得身上有多毛的蜘蛛或者带黏液的鼻涕虫在爬动，或者会感到自己被电线电到了，但实际上他们的身上什么事情也没有发生。

幻嗅

幻嗅指的是患者会闻到一些特殊的气味，有的患者会捧起一个空的花盆，然后非常享受地嗅着气味，因为他们觉得里面开出了一朵花。有的患者会觉得自己的屁股被烧焦了，总是一边拍打着屁股，一边捂着鼻子大喊大叫。

幻味

幻味和幻嗅往往同时出现，比如患者在闻到一些香的气味之后，会本能地尝几口，一旦他们锁定气味的源头，就会对着一块石头或者一块木头舔舐、啃咬，并且觉得非常美味。一些患者在进食的时候，会尝出一些怪味，然后直接拒绝进食。

本体幻觉

出现本体幻觉的患者，会发现自己身上的某个器官或者脏腑会自主运动，比如：有的患者会发现自己的左脚总是想要赶在右脚前面走路，因此不得不保持一个左脚向前倾的怪异姿势；有的患者会觉得自己的肝脏在膨胀或者像心脏一样跳动。

无论是哪一种幻觉形式，实际上都是由于思维的混乱和扭曲引起的，而它往往和妄想迫害症一起出现。当患者预感到有人要谋杀他的时候，很有可能真的会创造出一个杀手的形象，这个杀手的出现会彻底增加幻觉的真实感；当患者预感到有怪物在追杀自己时，耳朵里同样会产生一个奇怪的恐怖的声音。

在很多时候，幻觉的出现也是全方位的，患者会同时产生幻听、幻触、幻视等体验，并且直接将自己的形象代入到相应的情境当中去。可以说幻觉在某种程度上，给患者创造了另外一种生活，一种完全游离于现实生活之外的模式。这也让患者深信自己所体验到的一切都是真实的，并且始终对怀疑者保持敌意。

“我是一个思维的跳跃者”

心理学家曾经做过一个实验，他们同时向正常人和精神分裂症患者展示两种非常相近的颜色，要求他们做出微妙的联想来说出两种颜色的不同之处，然后一些有趣的事情发生了。

正常组：

A：上帝！这有点难，它们几乎一样，这个似乎更红一些。

B：它们也许是臭豆腐的颜色，也许是黏土的颜色。其中一个比另一个更偏红一些。

精神分裂症组：

A：这愚蠢的颜色是一碗鲅鱼的颜色，加入蛋黄酱后，就会更有味儿，把它放在一边，吐满一地。把鱼吐出来！

B：化妆品，这是海藻泥的颜色。你把它涂在脸上，就会有人认为有家伙在追你。等一下！我可没把它涂在脸上，也就没人会追我。女孩会涂它。

在精神分裂症的患者口中，所有的信息都是混乱无序的，所有的逻辑性和结构都被出人意料地打散了，没有人知道他们在描述什么，没人知道他们所描述的东西究竟有什么必然的联系。他们究竟想要表达什么东西呢？

对于正常人而言，思维往往是紧密交织在一起的，而且思维之间的联系具有一定的逻辑性和连贯性，他们所说的话总有一个中心，但精神分裂症患者的思维则是混乱，不合逻辑的。他们思维的形式和结构以及内容都是混乱的。对于外人来说，他们往往搞不清楚这些人究竟说了什么，究竟想要表达什么意思。

有个患者在和父亲的对话中，说出了这样一段话："亲爱的爸爸，我最近正在练习游泳，你知道我的泳衣吗？那是我去年买的。嗯，现在教我的是一个漂亮的女教练，她来自哈尔滨，哈尔滨的冰块和啤酒，听起来很不错吧。我猜这地方一定很远，我以前去北京，我还记得我们是坐火车去的，和我们坐在一起的是一个小孩子。他有一双黑色的眼睛，你喜欢黑色的眼睛吗？我见过白色的、黄色的、灰色的眼睛，听说外国人的眼睛是蓝色的。还有一些什么也看不见，就像在黑夜里走路一样。我试过在黑夜里走路，差点没摔断脖子。我可不是蝙蝠或者猫什么的，我什么也看不见，然后有蚊子在咬我，就像打针一样。我似乎好久没打针了，对了，我们这儿的大白褂几乎人人都会打针。"

在这段谈话中，患者的思维非常散，"游泳——女教练——哈尔滨——北京——火车——孩子——眼睛——视力——蚊子——打针——医生"，这一大串的意象看起来并没有太多必然的联系。明显可以发现，精神分裂症患者在试图围绕一个话题进行联想时，他们轻而易举就会跑偏，无法按照中心主题继续进行下去，他们会胡乱地开枝散叶。

还有一些更为严重的患者会表现出更为严重的跑偏行为，有个患者在与人交谈时，完全就像是在自说自话：

“我想你们应该知道，我是一个律师……虽然我还没有大学毕业文凭，但我的确是一个出色的律师。我很乐意现在的角色和身份，一个精神病患者？这并没有什么不好，我会懂得如何把握好这个角色，就像是在吃饺子一样，我喜欢吃肉馅的。我还喜欢吃橘子，跳的是探戈，我家里养了一只拉布拉多犬。前天，省长来我家里同我探讨环境问题，有一家报馆准备聘用我，街头的商店里正在搞促销。我现在二十七岁了，也许是三十五岁，我在七岁时学会了如何讲故事。我在村头看别人打铁，他是一个光头佬。现在我想看电视，我有一整排的好牙齿，我大概生病了，看看我的眼睛。我有一点精神分裂，就像是癌症一样，我会解决这些小问题，就像吃一顿早餐那样。明天我会出去走走，买两包烟，吸烟有害健康。也许不需要吃饭，我会和某个大人物共同研究吃饭的问题。当我学会闭嘴时，一切就都不是问题了。有一个女孩暗恋我，知道吗？她的辫子比我的拖把还脏。我还想去乡下看我妈妈，你瞧我的兰博基尼坏了。我的饼干呢，稍不注意，那些猫就会偷吃。”

患者所说的话很多，但是传达的信息却很少，而且基本上都是零散的、孤立的，完全不相干，患者随便将一些内容凑成一段话，就像一锅乱炖。没人可以了解他们到底想要说些什么，而这些废话也的确很贫乏，根本没有任何价值，听起来就像是纯粹为了活动活动嘴巴，为了吐出几个字来。而正常人不仅可以围绕一个话题进行讨论，并且还会以这个话题为中心搜寻更合适的联想，他们所说出来的话往往具有很强的联系。

仅仅从话语表达方面来说，患者的表达方式和表达内容简直让人摸不着头脑，没有人可以有效把握住他们内心的想法，也没人可以跟上这种节奏。其实，这就是精神分裂症所表现出来的一种言语混乱模式，在这个模式下，患者根本意识不到自己在说些什么，也意识不到自己应该说点什么。有时候，他们有兴趣开一个好头，但是说不到几句话，话题就会迅速发生偏移，就像出轨的火车一样，或者说他们原本就没有想过火车该怎么走。

对于任何人来说，花费几分钟或者几个小时和精神分裂症患者交流都是痛苦的，当我们试图谈论一匹马时，对方可能会将这匹马撕扯得支离破碎，或者他们会赶走这匹马，而讨论马粪以及草地，还有其他一些无关紧要的动物。

这也是为什么很多人在患上精神分裂之后，就失去了和社会正常交流的机会，因为他们根本没有办法保持最基本的逻辑，所有的沟通都像是天马行空，正常人是无法理解那些不着边际的话的。多数人都会这样觉得：“好吧，我想我根本不知道那个家伙在聊些什么，也许他的思想太超前。”

由于太过孤僻，由于缺乏正确的引导以及合适的交流方式，精神分裂症患者往往显得愤世嫉俗、狂躁不安，而且对任何试图反对自己、打扰自己谈话的人充满憎恨，他们可不担心自己是否真的会拿起一根棍子将自己的家人和朋友轰出去。也许明智地顺着他们的想法，然后找到合适的切入点加以诱导，事情才会变得更加顺利，而这对患者病情的缓解和治疗也很有帮助。

为什么我会如此冷漠无情

有一个精神分裂症患者刚刚坐车回到家，结果做饭的时候不小心点燃了自己的房子，左邻右舍的邻居们都跑出屋外大喊救命，有人也拨打了火警电话，而更多的人都在替屋子里的人担心。这当然是起火时，人们身上所表现出来的一种最本能的反应，大家通常都会表现出紧张、担心、恐惧的情绪，但是这个患者恰恰相反，他端着一碗半生不熟的面，面无表情地坐在沙发上看电视，尽管那些大火越来越旺，也几乎将他半个房子给烧着了。

可是他却显得无动于衷，似乎并不觉得这个房子是自己的，也并不担心自己会不会被大火烧焦。一直等到消防员赶过来，将他带出去，他还是非常平静。在这个惊险的过程中，患者始终保持淡定，也没有表现出任何惊恐的神色，消防队员甚至发现他一直都在关注电视节目，而且频频回头。

很多人对此表示不解，哪怕是一个疯子也懂得危险的存在，也会在危险到来的时候表现出惊慌失措的样子，因为这是本能，就像睡觉需要闭上眼睛一样自然。但为什么这个患者会如此无动于衷呢？以至于消防员后来在形容他的表现时，用了这样一个词：冷漠。他们从他的脸上尤其是眼神中，看到了冷漠，看到了那种令人感到惊讶的无所谓和不在乎。

心理学家对其进行研究，然后得出了一个非常让人担忧的结果，那就是对方患有精神分裂症的阴性症状。如果说妄想迫害、幻觉、语言混乱都是一种比较明显的外向的症状，那么精神分裂症患者偏于冷漠、不在乎的一面，就是一种阴性症状，对于阴性症状的人来说，他们对发生在周围的事情，缺乏正常的情感反应，或者情感完全丧失。这就像是有人偷走了他们情感表达的能力或者干脆偷走了他们的情感一样，有的时候他们是体验到了强烈的情绪但不能顺利表达出来而已，但有的时候他们则彻底丧失了体验情绪的能力，也就是说，无论发生什么事，既不会感到开心也不会感到悲伤，因为他们的情绪是空白的。

正因为如此，阴性症状的一个重要特征就是情感冷漠，或者让人察觉不到他们会有情感，就像大火中逃生一样，对于阳性的精神分裂症患者来说，他们同样会逃跑会恐慌，而阴性患者则冷漠到让人抓狂。在谈话方面也是一样，尽管精神分裂症的患者缺乏正确的思维和逻辑，但是很多阳性症状的患者会表现出多话、废话的症状，他们习惯了喋喋不休，习惯了在别人面前说出自己的想法，而且不厌其烦地讲述自己遭遇了什么奇怪的事情。但是对于阴性症状的患者来说，他们根本不想说话，更不会废话，像那样半天就能说出一箩筐的话，这可不是他们的风格，在多数时候他们更像是嘴巴被针线缝上了一样。由于情感冷漠或者失去了表达的能力，他们根本没有必要说话。

在正常的交流模式下，多数人都会愿意分享自己生活中的事情，就像一次轻松而自然的家庭访问一样。

访问者：您好，请问你有孩子吗？

正常人：有啊，我有两个孩子，一个男孩，一个女孩，他们都已经开始上学了。儿子今年7岁，有些调皮；女儿6岁，相对来说，显得文静而腼腆。

访问者：是吗？那你太幸福了，你平时是如何教育他们的呢？

正常人：谢谢，说到教育，其实也没有特别的方法，只是按照孩子的兴趣爱好……

在这样的谈话氛围下，访问者会提出更多生活化、具体化的问题，而主人也乐于同对方分享自己幸福生活的重要细节，以此来保证这次访问的和谐与圆满。

但是对于阴性症状的精神分裂症患者来说，就会显得比较棘手，访问的每一次推进都会比较困难。

访问者：您好，请问你有孩子吗？

患者：有。

访问者：请问你有几个孩子？

患者：俩。

访问者：能和我说说他们的具体情况吗？

患者：……

访问者：先生，能和我说说他们的具体情况吗？比如说他们是否都是男孩？

患者：嗯……一男一女。

访问者：他们的年纪呢？

患者：6和7。

…………

两相对比之下，可以明显感觉出阴性症状患者的冷漠，无论是语气、表情还是谈话的内容，都让人觉得他们对这类访问毫不关心，对自己的家庭情况也根本不那么在乎。整个访问活动总体上缺乏互动，而且气氛不够融洽，听起来就像是审问犯人一样。这种交流显然让人失望，同患者谈话会让其他人感到非常不爽，因为他们觉得这些患者说话就像喉咙被卡住了一样，好不容易才蹦出几个无关紧要的字。

其实，很多患者缺乏热情，对事物的反应比较冷淡和迟缓，所以在很多时候，他们觉得自己没有必要回答那些问题，或者找不到合适的词来表达自己的想法。而在对方提问的时候，他们缺乏足够的反应时间，总是会显得很迟钝，让人觉得很压抑。

正是因为情感不够丰富，而且经常对外界的反应表现得非常冷淡，他们往往会被当成缺乏情感的怪人。在某些恐怖片中，这些阴性症状的患者会被当成吃掉孩子的恶魔，这显然是不合理也是不公平的，这种歧视几乎毫无理由。很多时候，他们也拥有自己的情感，但是却不知道如何表现出来，或者说表现得程度不够深。无论如何，阴性症状患者的确在社交中遭遇到很大的沟通障碍，加上社会的排斥，他们很容易被误解和孤立，而长时间的孤僻也会让他们的症状加重。

除了对危机的反应比较冷漠，对社交反应迟钝之外，患者还经常会表现出一种无动机的症状。有个患者曾向心理学专家反映自己的情况：“我最近突然意识到自己变得越来越迟钝，连一些简单的动作也会感到疑惑，我甚至不知道自己坐没有坐下，或者意识不到自己是否需要完成这个动作。最近我发现在做某件事之前，一直在思考自己，比如坐在椅子上，我可以看见自己正在坐下去的图像。洗衣服的时候，我同样思考自己，并且看见自己洗衣服的样子，这种思考让我的动作变得更加缓慢了。我不得不经常去思考自己正在做什么，甚至也常常会搞不清楚自己正在做什么，我试图搞清楚这一切。而当我停止思考之后，我相信动作会加快的。”

一般人在坐下或者站起来的时候都是很自然地完成这些动作，但是某些阴性症状的患者会意识不到自己这样做的动机是什么，会不会出现什么问题，因此不得不花时间去思考这类问题。在这种情况下，患者对一般的、目标明确的活动缺乏坚持下去的能力，因为他们总是在患得患失，并且表现出混乱和粗心的状态，一些症状严重的患者干脆一整天坐着，几乎什么也不做。

其实，无论是情感淡漠、贫语症，还是无动机，都是患者无法控制的，他们缺乏这样的意识来控制和约束自己的言行，也无法让自己表现得更加正常一些。而恰恰是因为如此，他们成为精神分裂症中一个更容易被忽视和误解的群体。

我们需要的是家人、朋友和社会

通常情况下，精神分裂症的分类有五大类：

紊乱型：具有不适应的情感、行为、言语紊乱；

紧张型：动作僵硬刻板，或者过度兴奋；

偏执型：有被害或夸大或嫉妒妄想；

未定型：各种病症混合，不好归类的；

残留型：在上一次精神分裂症发作后，并不存在主要症状，但次要症状持续存在。这类精神分裂症主要表现为阴性症状。

在这些类型中，患者表现出来的通常都是一种混乱的、缺乏自觉性的状态，有时候还会表现出一定的攻击性，很多人因此会用异样的眼光看待他们。此外，在很多影视作品中，精神病患者通常被描述成冷血、危险的人，就像电影《沉默的羔羊》中的汉尼拔。大家会理所当然地认为精神病患者具有暴力倾向，有的还是极度危险的人物。而且在一些极端的案例中，精神分裂症患者会对身边的人或者护士发起攻击，甚至造成严重伤害。经过媒体的渲染之后，大家开始戴着有色眼镜看待这个群体。

正因为如此，在多数人眼中，精神病患者就等同于疯子，等同于那些缺乏情感和正常理解能力的怪人，而这样的人很容易会威胁到身边的其他人。这个逻辑似乎很有说服力，也轻而易举将精神分裂症患者纳入到危险分子的行列之中去。

其实，正常人也会产生暴力倾向，而且这种暴力倾向通常是针对他人和社会的，相比之下，精神分裂症患者虽然也会伤害他人，也会攻击身边的人或者陌生人，但他们更可能伤害自己，比如出于幻听听到某种声音让自己伤害自己，或者因为对疾病的绝望而选择自杀。有人会觉得一些具有攻击性的精神分裂症患者在童年时期就存在问题，但实际上类似于这种童年时期心理发展不健康的孩子，无论是不是具有精神分裂症，长大后都会出现这类问题。

此外，许多精神分裂症患者表现出一些类社会退缩的行为，他们害怕接触到陌生人，平时足不出户，将自己锁在家里，或者说他们会活在自己的幻觉之中，而很少与现实社会产生太多的接触，这样就直接避免了对他人造成威胁。有些患者会出现一定的攻击行为，但多数时候，他们都是针对自己的，相反，那些拿着枪支和管制刀具的正常人反而会给社会带来更多的伤害和困扰。

美国国立精神卫生研究所的所长Thomas R. Insel在2007年说过一番话，他认为绝大多数精神分裂症患者并没有暴力倾向，也没有足够的证据表明精神分裂症和暴力能够紧密地联系在一起。这种洗白是一个好兆头，但误解向来已久，不可能在短时间内被澄清。

有个女患者总是在屋子外面游荡，当别人问她为什么从不洗脸的时候，她常常只是微微一笑说："我没有脸，我这儿什么都没有了，没有眼睛，没有耳朵和鼻子。"不过之后，有邻居进行投诉，认为她给自己的生活带来了困扰，因为这个邻居的孩子回家问了一个问题："妈妈，为什么有的人会说这不是一张脸。”

这是一个非常令人难以置信的投诉案例，其背后所显示出来的并不是精神分裂症患者对于社会的危害性，而恰恰是整个社会对于患者的漠视和排斥。据统计，中国精神分裂症患者获得工作的机会只有同龄人的一半左右，结婚率只有同龄人的1/4，而离婚率是同龄人的近10倍。整个社会都在向他们摆手，都在打造一堵将他们排斥在外的围墙。

精神分裂症患者常常会遭到别人的辱骂和殴打，还因为这个病，他们对自己的生活不能自理。那么一旦受家里人排挤，往往就会四处流浪无家可归，终日孤独地承受着各种痛苦与折磨。因此说，绝大多数精神分裂症患者不仅不是暴徒，相反，他们才真正是一群弱势群体。

2008年，上映了一部动画电影《91公分之外》（又名《精神分裂症》），主人公亨利是一个精神分裂症患者，有一天他居然被一颗重达150吨的陨石给砸到了身体，虽然自己的身体没有受到伤害，但是却发现自己不再是原来的自己了，具体来说，他和原来之间出现了一些距离，也就是说他的身体位置与真实的自己偏移了91厘米。为了弥补这91厘米的差距，他不得不时刻纠正眼中自己的位置，一些很简单的事情，在他看来却难于登天，比如拿一个茶杯，必须在91厘米以外做这个动作。

正因为如此，他非常害怕被人当成一个怪人来看待，并且担心自己无法融入到群体生活之中。这种焦虑让他变得更加孤独，而为了让自己变得更加正常，他冒险地接受了第二次陨石撞击来纠正误差，可是这一次，他感觉自己的身体又向下偏移了很多。看到身体越来越偏离真实的自己。

影片看起来荒诞不经，但却从一个精神分裂者的视角，真实地向人们反映精神患者的世界。尤其是第二次接受撞击之后的进一步偏离，几乎让亨利崩溃。所以在影片的最后，他站在那儿发出了内心的呐喊：“我在这儿。”这句话完完全全传递出精神患者的痛苦、无助、孤独和挣扎。很多人认为精神分裂症患者处于混乱状态，对任何事情都一无所知，但实际上他们所承受的孤独、无助与挣扎可能是人类能承受的极限了。正因为如此，正常人需要给予他们更多的理解和宽容，需要走进他们的世界去看看他们到底经历了怎样的折磨，而不是将他们当成怪物。

就像其他的患病群体一样，他们需要得到应有的关怀和尊重，很多被家庭和社会抛弃的患者，症状只会越来越严重。即便是被治愈之后，其复发率也往往很高。这也是在积极防治精神分裂症的时候，需要对患者保持耐心和关爱的原因。比如科学巨匠爱因斯坦有两个儿子，其中一个就是精神分裂症患者，另外一个是出色的工程师，但是爱因斯坦从来就没有厚此薄彼。

至于那个提出均衡理论的约翰·纳什，虽然是一个精神分裂症患者，但是却得到了及时的关怀和治疗，并且在1994年获得了诺贝尔经济学奖。如果缺乏社会的关爱，他也许会成为一个在街头胡言乱语的流浪汉。

从某些方面来说，精神分裂症患者其实更加需要包容和爱护，而宽容的环境可以有效预防精神分裂症的出现，也有助于患者及时康复。

第八篇：

受到诱惑的“瘾君子”——药物依赖症

烟瘾和酒瘾在很多时候都不会被大家当成一种病症来对待，因为多数人将目光聚焦在了另外一个更应该关注和害怕的“瘾”上，那就是毒品。

“烟不离手，酒不离口”为哪般?

在生活中，有很多人都会对吸烟与喝酒上瘾，这种上瘾不在于抽烟的时候抽得多开心，也不在于喝酒的时候能喝多少，而在于没有烟酒的时候，他们的反应。对于不喜欢烟酒的人来说，抽烟多了嗓子痛，喝酒喝多了想要吐，但是对于上瘾的人来说，没有烟酒那才叫痛苦。

有人觉得这些人被烟酒彻底迷惑了，失去了自我。但实际上多数老烟民和老酒鬼都拥有非常清醒的个人意识，吸烟会得肺病，他们知道吗？知道！喝酒容易得酒精肝，他们了解吗？了解！那么他们还会抽烟喝酒吗？会。

哪怕伤害就在眼前，也哪怕烟盒酒瓶上一再标明了危害性，但他们就是控制不住自己吸烟喝酒的欲望。有的人认为这是因为很多人从吸烟与饮酒中获得了身体的愉悦或者某种满足，认为这是一种典型的躯体依赖。不过很多人后来发现喜欢吸烟、喝酒的人，不仅存在躯体依赖的现象，还存在比较明显的精神依赖。

C先生是一个老司机，他有着三十几年的运输经验，但与此同时他也是一个老烟民，所以每次搞长途运输，必须带上几包烟。C先生开车之前，往往先要抽一支烟，他觉得这样可以让自己保持专注力；而在路上有时候会遇到一些意外，比如爆胎或者车子出现了故障，他并不急着下车，而是先抽一支烟镇定一下，让自己保持清醒。

有一次，C先生的车因为出现了交通事故而被交警带回去处理，在交通局里，他的态度一直非常好，也表示愿意接受任何处罚。可是几个小时之后，犯了烟瘾的他开始显得焦躁不安，整个人的气色变得很差，情绪波动很大，甚至出现了呕吐反应。交警在问话时，他的反应能力明显下降，看上去和之前判若两人。

其实，C先生身上所出现的奇怪现象是一种烟瘾症状，这里有一个专有名词，叫作尼古丁依赖症，它是一种慢性的精神或者心理疾病，简单来说，就是经常吸烟的人会摄入大量的尼古丁，这些尼古丁是极佳的进攻者，几乎只需要7秒钟就可以进入大脑，然后导致多巴胺释放增加，接着会给吸烟者带来短暂、平静的愉悦感。一旦长时间不吸烟，烟民体内的尼古丁水平下降，使得身体产生不适的感觉，比如出现头晕目眩、头痛、心悸、恶心、胃部不适、食欲增加、便秘，在心理上会出现焦虑、紧张、易怒、坐立不安、注意力不集中、抑郁、失眠等症状，他们不得不通过吸烟再次摄入尼古丁以维持愉悦感。

正因为感到强烈的不适应，他们才难以轻易戒掉烟瘾，很多烟民试图依靠自己的毅力“干戒”，实际上成功率很低，他们觉得“我有这样的意愿和决心”，不过一时的不适可以暂时克服，可是精神和心理上的冲动则难以抑制，不给烟抽，整个人的神经系统就可能大罢工。

除了吸烟之外，喝酒同样会上瘾，而这种上瘾往往会带来一系列的问题。

研究人员曾对一个老酒鬼进行测试，先每天按时给对方提供酒，结果对方的表现和正常人无异，无论是言语还是行为都非常正常。有一次，研究人员没有按时提供酒，患者表现出焦躁不安的情绪，在几个小时之后，患者的言行开始变得非常怪异，他突然趴在墙角，然后大喊："我知道错了，我再也不敢了。"接下来，他表现出惊恐的神色，然后慢慢坐在床沿上，而且一直唯唯诺诺地看着床的另一边，就好像有人正在训话一样。之后，他又开始大喊大叫，还从床上摔了下来。事后，研究人员冲进房间去询问他的状况，只见他躲躲闪闪，不停地向门口张望，"我妈妈来了，请问她走了没有，她到底走了没有？"研究人员这才意识到对方可能出现了幻觉。

这种情况并不罕见，但多数人在醉酒状态才容易产生幻觉，而并不是在不饮酒的情况下，因此心理学家推测患者对于酒精的迷恋和依赖已经处于精神依赖的状态了，患者不像其他患者一样，只要没酒喝就会浑身难受，出现各种身体不适的症状，比如恶心呕吐、失眠、不安。特别容易受惊吓。而且患者会出现精神上的混乱，比如患者通常在停止饮酒后24小时内出现大量鲜明的视觉以及听觉上的幻觉。这是一种精神障碍，常被称为酒精错乱症或酒精性神经狂躁。其常见的就是患者听到其他人的恶意指责恐吓，通常"其他人"是不存在的，会严重干扰正常生活。

很显然，饮酒过量会对人的神经系统造成严重损害，导致个人的神经和心理对酒精产生依赖。事实上，一旦患者恢复饮酒，这些症状可很快得到缓解；如果再次停止饮酒，症状又会突然加重，这就是典型的"你不碰我，我也不让你好过"。

在之后，研究人员又对不同的饮酒者进行了测试，结果又发现了一大堆稀奇古怪的毛病，比如：患者在意识清晰的情况下会进入妄想状态，特别是嫉妒妄想；他们的人格发生了改变，就像掉到了酒缸里，只对饮酒有兴趣，这个时候，他们会变得以自我为中心，不关心他人，责任心下降，喜欢说谎。

在绝大多数时候，人们对于烟和酒的上瘾并不那么了解，也没有引起足够的重视，对他们来说，就像是逞一时口腹之欲，就像饿了要吃饭一样。却不知道，烟酒不仅会造成身体器官的病变，还会诱发精神上的病变。这种病变平时很难被发现，但是一旦患者对于烟酒的渴望得不到满足，就会迅速出来捣乱。

一旦烟酒实现了对人的精神控制，那么想要摆脱它们就会变得很困难。对于很多有着多年吸烟史和酗酒史的患者来说，不让抽烟、不让喝酒可能就意味着生活的崩塌，这个时候个人的意志力会大打折扣，他们能够戒上一天两天、一个月甚至两个月，但是却没有办法坚持更久，真正成功的戒烟和戒酒应该是一辈子的，因为一旦患者重新品尝到了烟酒的味道，心里就会迫不及待地给出熟悉的暗示，接下来患者就会发现自己重新成了烟酒的俘虏。

一碰就上瘾的毒品

烟酒上瘾实际上可以归结为药物依赖的范畴当中，所谓药物依赖实际上是一组认知、行为和生理症状群，使用者尽管明白使用成瘾物质会带来问题，但还会无法自制地继续使用。烟瘾和酒瘾在很多时候都不会被大家当成一种病症来对待，因为多数人将目光聚焦在了另外一个更应该关注和害怕的“瘾”上，那就是毒品。

提到毒品，很多人会想到金三角，会想到墨西哥，会想到哥伦比亚毒贩，会想到那些被毒品拆散的家庭，却往往没有想起来毒品是很容易上瘾的。这似乎是一个悖论，但如果弄清楚了很多人的心态，就会明白为什么大家似乎都在害怕毒品，也了解毒品的危害，但是却偏偏有那么多人喜欢去尝试。其实原因就在于我们内心一直都在试图挑战毒品，确切地说应该还是毒瘾。

想想现在每年都有更多的人吸毒，这可不是那些毒贩子用枪指着他们去吸毒的，多数人吸毒都抱着主观意愿，他们希望尝试一些新的东西，而且丝毫并不担心自己会越陷越深。尽管现在的禁毒宣传工作非常普及，但很可惜的是，每年仍旧有一大堆类似的人是因为想要挑战毒品才跳入火坑的，他们觉得自己有足够的毅力，觉得自己可以给身边的吸毒者一些勇气和榜样，却由此轻视了毒品的危害。

这种“胆识”和“无知”会让他们惹上大麻烦，毕竟“珍爱生命，远离毒品”“毒品是唯一不能去尝试的东西”之类的口号也不是胡乱喊出来的。在这个时候，很多吸毒者会发现自己那点脆弱的意志力完全不够毒品塞牙缝的。用医生的话来说：“他们也只能在正常的时候，发一发誓言，表一表戒毒的决心，一旦毒瘾发作，那些所谓的抵抗力完全不堪一击。”

所以一个血淋淋的事实就是：毒品很危险，千万不要去触碰。一方面，毒品很容易上瘾，一旦不继续吸食或者注射，就会带来很大的煎熬；另一方面，毒品上瘾后，由于产生了极大的依赖性，那么几乎很难戒掉。这一点，无论是现实生活还是影视剧中，都可以更加直观地观察出来，如果有人认为自己可以克制自我，那么可能真的是太过天真了，而这种天真可绝对伤不起。

那么毒品究竟“毒”在哪儿呢？为什么很多人沾上毒品后就很难摆脱它的困扰？这种依赖性为什么会这么强？

毒品会对吸毒者的身体机能造成破坏，比如体能下降，情绪不稳定。不仅如此，毒品还会损坏人的思维和神经，患者会慢慢发现自己说话变得不利索了，一句话颠三倒四说上半天，也没表达清楚自己到底要说些什么。吸毒者在说话时的反应明显下降，而且思维会变得很迟钝，甚至出现明显的退化。他们经常处于一种晕晕乎乎的状态，经常说出一些类似的话来：“你说什么！？”“你能再说一次吗！？”“这个问题嘛，我想想，让我想想。”“我是说，嗯，我觉得这个，其实它——”。对于这些，吸毒者本人根本不知道，也根本无法意识到自己为什么会这样，一些严重的吸毒者会因此而丧失清晰的语言表达能力和最基本的社交能力。

更重要的一点是，毒品会让吸毒者产生依赖，而这才是最致命的。

谈到依赖，这里需要补充两个重要的“东西”，一个是内啡肽，一个是多巴胺。

内啡肽是一种脑下垂体和脊椎动物的丘脑下部所分泌的氨基化合物，这么解释有些过于生硬，简单来说，它具有镇痛和促使人兴奋的功效。对于正常人来说，内啡肽帮助他们保持青春和快乐。不过一旦吸食毒品后，内啡肽的分泌就被抑制住了，毒品会趁机取代它的位置和作用，顺便连疼痛和悲伤情绪也全部接管过来，这个时候，吸毒者就会通过吸毒来达到兴奋的状态。

一旦吸毒者染上毒瘾后，就会发现自己根本戒不了，因为毒品鸠占鹊巢之后，就断了吸毒者的后路，吸毒者会发现内啡肽已经分泌不出来了。这时候他们才会意识到自己除了毒品已经没有什么依靠了，而毒品也释放出这样一个信号：碰不碰我，都随便你，但难过的可是你自己。

另外一个就是多巴胺，这是大脑内部分泌出来的神经传导物质，主要作用是调节情绪，比如分泌多巴胺可以治疗抑郁症。但是分泌太多了，人就会陷入亢奋状态，而毒品恰恰喜欢干这种火上浇油的事情，它会拼命增加多巴胺的分泌，使上瘾者感到开心及兴奋。时间一久，人体自身的快乐机制就会受到影响，而什么开心的事情都让毒品干了。正因为如此，一旦吸毒者离开毒品，就会发现自己完全达不到原来那种快乐和刺激的程度了，也就是说原先的分泌量根本不够用了。接下来怎么办？他们唯一能想到的就是毒品，因为它才是唯一的“快乐源泉”了。

在吸毒这个过程中，毒品始终扮演着一个奸诈狡猾的角色，它会给予大脑很大的刺激，然后迅速架空内啡肽和多巴胺的“实权”，逼着它们退居二线或者干脆下岗，最后实现对大脑和精神的控制。在这样的情况下，吸毒者根本没有办法摆脱毒品的控制，而且会随着吸食量的增加而不断加重依赖感。

正因为如此，就会给戒毒带来很大的困难，如果说戒烟的人会出现一定程度的不适应，那么戒毒可能会让患者感觉到痛不欲生。很多人在吸毒前觉得自己可以抵抗住诱惑，可以克服毒品的侵蚀，但问题在于他们只是嘴上说说而已，真正染上毒瘾之后，他们就会发现不论是内啡肽、多巴胺还是整个大脑实际上已经开始出卖自己的身体了，他们除了痛苦，往往什么也做不了。

通常情况下，戒毒者会出现各种不适症状。比如吸食毒品会让人感受到快乐的极致，而戒毒的人就刚好走入另一个极端，他们会克制不住地流眼泪、流鼻涕，会出现睡眠不安稳、过分焦虑、恐惧紧张、呕吐腹泻等多种症状，吸毒者还可能出现幻觉和妄想症，可以说浑身没有什么地方是舒坦的。和之前吸毒时的美妙状态相比，戒毒的人面临的是一个冰窟窿，是一个让人完全提不起兴致的状态，而这种落差更加加重了戒断症状。

正因为戒毒很难，而且非常煎熬，那么远离毒品伤害的唯一方法就是千万不要去触碰，只有保持洁身自好，并且尽量离得远远的，这样才能够真正避免被毒品控制住。

兴奋剂：冠军的第一法则

在现代竞技体育中，有很多“吃出来的冠军”，因为他们喜欢通过服兴奋剂来提升自己的竞技状态，而兴奋剂能够有效刺激机能刺激神经系统，提高肌肉的效率，减少疲劳，使运动员的行为和能力立即得到调整，并让运动员变得更具攻击性，从而提高运动成绩。很多运动员私底下都明白，想要让自己跳得更高，服用兴奋剂；想要让自己跑得更快，服用兴奋剂；想要让自己更加专注，服用兴奋剂！

而最近几年，无论是奥运会还是其他一些体育赛事，相关部门都加大了对兴奋剂的调查和打击力度。而最近一次，最倒霉的是俄罗斯人。因为奥委会认为俄罗斯运动员在索契冬奥会中大面积服用兴奋剂，而俄罗斯特工则扮演了盗取尿检物质的角色。很难想象一个个来自战斗民族的运动员会做出这种事，也很难想象那些平时做着盗取机密情报工作，并进行各种暗杀活动的克格勃会想着去偷尿。

但无论如何，俄罗斯最终还是成了奥委会开刀的对象，一下子就导致一百多人的队伍不能参赛，这对战斗民族而言无疑是一个重创。其实无论俄罗斯是否真的在兴奋剂问题上动过手脚，无论奥委会的决定是否公平合理，兴奋剂都是一个由来已久的问题，聊上几十年也聊不完，但事情总有那么一个起因：为什么一直标榜着追求“公平竞技”精神的运动员会选择服用兴奋剂来提升成绩呢？

这里面有一个最大的因素，那就是冠军，而这事关一个运动员、一个项目，乃至一个国家的荣耀和面子，把冠军往那儿一摆，某些人对于体育精神的分量就会产生质疑，就会对那些所谓的公平竞技产生动摇，在这种心理机制下，兴奋剂就郑重其事地登上了体育舞台，并且在私底下尽扮演一些不光彩的角色。

现在我们可以好好看一看，兴奋剂除了带来更多的动力之外，还能给我们带来什么“惊喜”和“意外”。

——大量服用兴奋剂往往会引起中毒症状，出现诸如心跳加速、瞳孔扩大、血压升高、反射亢进、出汗、寒战、恶心或呕吐等症状。

——服用者的精神会受到影响，从而出现一些异常的行为，比如斗殴、夸大、过度警觉、激越和判断力受损。一些长期服药的人常导致人格改变，平时容易表现出冲动、攻击、易激惹和猜疑的特征，也会导致妄想性精神病。

——长期服用会导致兴奋剂上瘾，患者会产生强烈的依赖心理，突然停用药物，可产生戒断综合征，患者出现抑郁心境、疲劳、睡眠障碍和梦多等症状。

兴奋剂对于服用者的精神和心理伤害似乎并没有引起太多人的关注，但事实上对于一些经常服用兴奋剂的人来说，可能已经上了瘾，也就是说，他们一旦离开了兴奋剂，不仅状态下滑，而且浑身难受。比如很多运动员在长期服用某种含有兴奋剂的药物后，会产生依赖，之后的每一场比赛，无论是抱着玩一玩的心态，还是冲着冠军奖杯来的，都会自觉不自觉地弄点兴奋剂。一些平时工作压力比较大的人也会服用兴奋剂之类的物质，以便提升自己的状态。不过和毒品之类的东西一样，兴奋剂也是一个瘟神，请来容易，送走就很难了。

比如有个家长为了让自己的孩子能够安心读书，集中注意力看书，就偷偷让孩子服用利他林（一种精神类兴奋剂），结果在短时间内，他发现孩子果然能够更加专注地学习、做作业了，而且成绩也越来越好。由于见到自己的实验出了成果，他开始频繁地给孩子买药，而孩子每次只要没有精神，也会主动服药。几年之后，孩子如愿考上了重点高中，家长们也松了一口气，并且告诉孩子可以不再服用那些药物了。

但是在这个时候，孩子突然发现自己上了瘾，只要不按时吃药，就会产生焦躁、抑郁的情绪，就会变得很紧张，而且还出现了失眠和其他一些不适反应。家长发现孩子每次身体出现不适，就会抑制不住服用利他林的冲动，而且无论怎样劝说都不管用。

这就是典型的兴奋剂依赖症，由于长时间服药，由于服药剂量太大，患者已经对兴奋剂产生了依赖性，只要停止服用，大脑里就会释放出各种信号进行骚扰，提醒患者该服药了，否则就会一直折腾下去。听起来像是一个顽皮的孩子，但是这个能让人精力旺盛的东西可不是什么善茬，只要上了瘾，就会持续不断地造成患者身体和心理上的困扰。

兴奋剂问题永远都是一个大问题，而服用兴奋剂的人更是面临一大堆的心理问题。一旦患上了兴奋剂依赖症，他们的日子绝对不会像过去那么轻松和光荣了。比如法国的一个自行车手曾经一度依靠兴奋剂来维持状态，对他而言，服用兴奋剂就像没事补充两片钙片一样。但现在他的家人发现了一个问题，在没有比赛的日子里，只要自行车手长时间没有服药，就会变得敏感多疑，而且变得富有攻击性。事情当然有一些可笑，他们发现自行车手竟然经常用牙齿攻击那几块比赛中获得的金牌，他一直都怀疑那些金牌全是铜块做的。

现在这个自行车手已经老老实实地待在医院里接受治疗了，对他而言，情况还不算太过糟糕，毕竟还有很多人至今仍旧被兴奋剂牢牢地把控着，他们自身存在的平衡机制已经被兴奋剂慢慢取代了，他们的精神也慢慢受到了侵蚀。

道家的老子说福祸相依，兴奋剂问题也是一样，可以说在更高、更快、更强的冠军法则面前，它确实带来了一定的帮助，但同时也夺走了很多人对自己身体的控制权，它表面上让服用者的身体看起来变得更强，但实际上却让服用者的心理变得更弱。

“这款药”我吃了25年

现在家里的老人动不动就喜欢备着几盒常用药，尤其是一些身体有些小毛病的老人，更是贴身放着，这些药大都是陪伴了十几甚至是几十年。所以他们对待这些药物总是特别有亲切感，一说起来都是那种“我认识这药比认识你还要早”，或者“这药我吃了几十年”的口吻，意思当然也非常明确：这药我常吃，吃的历史比较久远，因此我可以放心服用。

这种逻辑在待人或者交朋友方面完全没问题，但是用在吃药上就显得有些自作多情了。比如很多人过去喜欢吃安乃近，这几乎是头痛、发烧、感冒的特效药，但现在一般不让吃这种药。但是对于老人来说，他们仍旧相信这种药对自己的感冒头痛有帮助，他们可不管服用之后是否会觉得舒坦，因为不服用一定会让人觉得不舒坦。所以只要头痛，他们就会选择服用安乃近，而且即便是没有什么不适症状，他们也经常会尝试着吃一点药。

在休斯敦的一家疗养院里，莫里斯就像一个老古董一样，仍旧活在过去的时间里，他对过去所有的东西都念念不忘，却对一些新事物感到漠不关心。莫里斯有一些咳嗽，算是一些慢性咳嗽之类的病，但是并不算太严重。家人以及疗养院都为他准备了最新的特效药，但是老人连瓶盖也没有打开过。他仍旧坚持服用过去几十年来一直服用的药物，而事实上这些药物如今对他的病情根本不能带来任何帮助。

他们都认为莫里斯干着一件蠢事，但问题在于一旦离开了这些药物，莫里斯整个人都会变得很不好，头痛、胸闷、抑郁、失眠、暴躁、浑身疼痛、妄想，所有的毛病会一股脑儿全都找上门来，医生们也束手无策，而莫里斯更是拒绝服用其他药物，并且明显产生了抵触和恐惧的心理。

很多人觉得莫里斯可能在装病，就像一个孩子不想让人拿走他最喜欢的东西一样，但其实这并不是装出来的，而是一种真实的表现，而这种表现主要来源于精神上的冲击。如果把一个重要的要素——服药几十年——纳入到分析当中来，很快就会得出一个结论："药物成瘾"。

"药物成瘾"是指长期服用某种药物后，产生诸如快感、情绪高涨等异常感觉，服药者逐渐形成了对该药的强烈依赖，直至难以自拔。如果贸然停药，患者会产生明显的撤药反弹现象，不仅病情加重，还会出现一系列的不适症状。

BBC（英国广播公司）曾经推出一部纪录片，在这部纪录片中有一大堆惊人的数据，比如人一生中吃的药片，平均可达14000片，对于那些经常服药的人来说，数量远远超过这个数字。抗生素、降胆固醇药、抗抑郁剂、止痛药、感冒药、补药、增强免疫力的药、提升精力的药……

这些药每天都在扮演自己的治疗角色，在身体的某一部位上发挥着应有的作用和功效，导演一个个小小的奇迹，但我们对于这些药物究竟了解多少呢？我们又是否知道这些药物会对自己的身体带来什么样的影响。

如果我们将一生中所吃的各种药摆放在眼前，可能会更加鲜明地意识到自己这辈子究竟遭遇了什么，也会意识到这些药物可能会给身体带来巨大的伤害，看上去这些药足够要了我们的命。而对于那些长时间服用某一种或者某一类药物的人来说，这种数字堆积带来的恐惧感可能会更让人印象深刻，而对身体的影响无疑也会更大。比如很多患者会对药物产生严重的依赖，只要继续服用，他们就会保持一个比较放松的心态，尽管这些药物可能对病情毫无帮助，但他们通常愿意相信这些药物是有效的，因为过去的经验给了他们这样的信心，或许他们并未认真想过过去这几十年是否真的每次都药到病除，也忘了一个基本事实：这个药吃了几十年，自己却病了几十年。

他们的身体和心理几乎都已经接受了这些“旧”药的存在，并且惯性地认可了它们的功效，它们在某种程度上扮演的是心灵安慰品的角色，也就是说给予心灵上的满足。这样也造成了一个严重的问题，那就是一旦撤走这些药物，一旦有人拿着这些药对他们说“不”，他们就会陷入一种不适和恐惧之中，身体也会释放出一些消极的反应和信号。

这会造成身体上的一个重大矛盾：一方面他们迫切需要更新的药物维持病情，或者根本不需要用药；另一方面，他们却拒绝做出调整，而且会在失去药物后表现出这样一个形象：我似乎病得更重了。

所以通常的情况是这样的：

一

患者：“我要吃药。”

家属：“给。”

患者：“不是，我要那个25年的老牌子。”

家属：“这是新药，那个老款的药据说吃了有问题。”

患者：“我吃了25年了，怎么没事？”

家属：“新药疗效更好。”

患者：“我喜欢吃老款的药，心里踏实。”

二

患者：“我要吃药。”

家属：“医生说您的病好了，不用吃药了。”

患者：“我觉得没有好，我觉得很难受。”

家属：“要不要去医院看看？”

患者：“没事，我吃点药就行了，把我的药拿过来。”

家属：“那药真的管用吗？”

患者：“我吃了25年了，一直都挺好。”

对于患者来说，他们根本没有办法了解自己的真实病情，而且通常也不相信医生的诊断，因为离开经常服用的药物之后，他们确实感觉到了身体的不适，无论这种不适是什么原因引起的，至少都和没有服用药物这件事有关。其实，这只是一种药物依赖产生的症状，患者在依赖中产生了很大的精神压力，并且作用到身体的某些器官上。

药物依赖是个无底洞，往往很难彻底治愈，因此患者必须及时戒断药物，比如慢慢减少药物的剂量，然后经常掺杂其他的替代性药物。否则这款药吃了25年后，恐怕还要强迫着再吃上25年。除此之外，患者应该想办法处理戒断症状，从而慢慢缓解药物对人体的约束。

第九篇：

房间以外的恶魔——社交恐惧症

人人都在努力打造和拓展自己的社交圈，很多人甚至巴不得将自己的社交实力扩散到国外去，在他们看来有越多的人喜欢自己，让越多的人看到自己，这就是生活的一部分。

为什么一见陌生人就出汗

现在，我们总是会说“这是一个社交大爆炸的年代”，只要条件合适，在短时间内我们几乎可以和任何人聊上天，一些社交达人，甚至通过自媒体将自己的宠物狗也纳入到社交体系当中去。谁会愿意和一只狗进行交流呢？但是好好看看那些狗的粉丝数量，就会明白这个年代的人并不介意同一只狗对话。

人人都在努力打造和拓展自己的社交圈，很多人甚至巴不得将自己的社交实力扩散到国外去，在他们看来有越多的人喜欢自己，让越多的人看到自己，这就是生活的一部分。有人喜欢享受社交狂欢的盛宴，有的人则甘于继续充当闷葫芦，他们害怕走出家门，害怕和他人聊天，而且更是谨守妈妈从小教育的那句话：“不要和陌生人讲话。”

这一类人并不向往原始人的生活，也不想成为与世隔绝的圣人或者外星人，但他们总是本能地抗拒和逃避社交，总是想方设法赶走或者离开那些和自己生活无关的人。他们的人际关系简单而纯粹，整个世界就像太阳系中的八大行星一样，用手指头就能数得过来。但这些人所面临的困境正在于自己对社会的逃避，而当他们不得不面对生活以外的事物时，可能会显示出极强的防备心和紧张恐惧的心理，对他们来说，家庭以外的世界也许都很危险。

在底特律的莫尔医院中，有一群非常孤僻的儿童，他们都有一个共同的特点：非常害怕陌生人，只要陌生人一出现，孩子们就会显得局促不安，而常见的症状就是出汗。医生在评估孩子们的精神状况时，曾安排他们与不同类型的陌生人见面，结果这些孩子几乎都出现了不同程度的出汗症状（需要注意的是，这些孩子面对的可不是什么坏叔叔或者怪物，他们也并非待在桑拿房里会客）。

莫尔医院的医生并非有意为难孩子，他们更不是吃饱了撑得没事干，事实上，他们正在调查孩子们对于外在环境的恐惧症究竟到了怎样一个地步，这种恐惧的程度并不是考察和评估孩子们见到两个陌生人和见到一个陌生人之间的区别，而是评估他们在陌生环境中的表现。当然孩子们的情况很糟糕，对于陌生人的强大戒心和紧张让他们显得非常拘谨。

也许很多人会认为医生们在犯傻，因为孩子本身就怕生，流汗也是正常的。所以另一家心理研究和评估机构也站出来做实验，这一次，他们安排了一大堆的成人，当然这些人也害怕陌生人，而且平时都是待在很小的生活圈里，对于生活以外的人和事几乎完全不感兴趣，因此几乎没有什么朋友。这家研究机构也做了同样的事情，让他们见不同的陌生人，结果这些人当中，有很多人出现了衬衫被沾湿的情况。背部的大出汗暴露了他们在陌生人面前的不自然和紧张情绪，看起来他们并没有比那些孩子胆大多少。

这两个实验其实接触的是一个比较特殊的社会群体，那就是社交恐惧症的患者。其实社交恐惧症并不是一个新词，但在如今这个社会环境中，却让人感到非常矛盾，因为几乎每一个人都离不开社交。但的确有这样一批人，他们害怕接触房间以外的东西，仿佛那就是一个游荡在外的恶魔。

当他们身处一个陌生的环境，并且不得不和陌生人面对面地交谈一番的时候，可能就会想要打个洞立即钻进去，因为哪怕一个简单的招呼也能让他们紧张半天。因此对于他们来说，在那样的场合，自己就像是做了一次激烈的运动一样（事实上他们可能真的差不多灵魂出窍了，至少内心一直在催促自己快点逃），如果他们愿意回过神来看看自己的窘态，也许心里的潜台词会是这样的：

——“那一天我手上出的汗比自己喝的水还要多”；

——“那一天我的衬衫上能拧出两斤汗水来”；

——“我从不知道自己还能流出那么多的汗”；

——“除了出汗，我不知道还能干点什么”。

出汗几乎成为很多社交恐惧症患者的常态，在这里，陌生人似乎扮演了一个并不光彩的角色，他们的存在似乎只有一种价值——刺激汗腺分泌。那么为什么有人会害怕社交，害怕陌生人呢？为什么他们不能大胆地接纳更多的人呢？

关于这个，首先要从社交恐惧症说起。社交恐惧症又名社交焦虑症，这是一种对任何社交或公开场合感到强烈恐惧或忧虑的精神疾病，总而言之，只要是社交场合，患者就会浑身不舒坦。患者害怕自我表现，也害怕长时间接触陌生人，并且担心自己的行为或紧张的表现会引起羞辱或难堪。

患者会认为对方可能一直在看着自己，观察自己的每一个动作和细节。在这样的情况下，患者通常对参加聚会、和陌生人聊天都不感兴趣，一些严重的患者拒绝打电话，拒绝去商店购物，也拒绝去医院看病，对他们来说，只要是陌生的环境，只要是陌生的人，那么就一律过滤掉。哪怕是在工作当中，他们也保持着一贯的“我不开口说话”的作风，也一贯保持着不轻易沟通和交流的作风。如果说老板毫无理由地扣除了他们的奖金，他们也会选择沉默，因为开口说话远远比拿回那笔奖金更加费力，也远远比失去那笔奖金更加令人恐惧。

对于患者来说，让他们同陌生人单独待在一起，或者进行交谈，可能会造成很大的压力，他们会担心自己说错话，会担心对方对自己的表现不满意，会害怕自己内心的秘密被他人窥探。所以到最后，他们会发现所面对的是一个怪物一般的存在物，他们唯一的想法就是立刻闭嘴，立刻逃离，并且持续不断地给自己发送那种“我不舒服”的信号——“是的，我现在流汗了，如果再待下去，可能会更加出糗。”

为什么一到外人面前，就开始口吃？

社交恐惧症的人可不只会在陌生人面前留下一身汗味，有时候可能还会表现得更加拙劣，这些拙劣的表现可能会彻底颠覆患者原来的形象。

托马斯是一个大学教授，还是语言文学的教授，他的表达能力很强，说话严谨有序，一看就是那种能够轻易说服别人的语言高手。事实上在课堂上，他总是表现出自己的教学天赋，而且也能够和学生们对答如流。但是一到了下课时间或者出了校门，托马斯就变成了另外一个样子，仿佛有人给他吃了哑药一样。

谁也不敢相信，这个一分钟前几乎巴不得想要将整个美国历史给说出来的超级演说家，离开了课堂和学生之后，竟然会在外人面前表现得如此冷漠。更重要的是托马斯还会表现出口吃的症状，有人曾试图和托马斯探讨学术问题，但他的表现可以用惨不忍睹来形容，总是结结巴巴，而且有时候连一句话也说不清，这简直让人无法相信，毕竟这与他在课堂上口若悬河的演讲完全不搭。那么托马斯身上究竟发生了什么？

有人认为托马斯是一个演技派，他为了不被打扰，尝试着装出一副什么也不懂，而且说话也不利索的糟老头的样子。但实际上托马斯就连去商店买东西，也是结结巴巴说上半天，售货员才知道他到底想要买什么，他似乎没有必要对一个售货员演戏。

事实上，真正让托马斯大变样的是社交恐惧症，这也是困扰托马斯多年的一个心理疾病。尽管他是大学教授，但是却始终不喜欢和外界打交道，除了自己的家人和学生之外，他基本上没有什么朋友，而且每天除了家中就是学校。有人说他至少15年没外出旅游了；邻居们也证实了托马斯的家里从来没有任何聚会——“他们家的烧烤宴会可能要追溯到托马斯结婚前了”；孩子们也不敢带同学或者朋友回家，因为托马斯不喜欢。这个可怜的老男人似乎一辈子都在和外界怄气，一辈子都在保持自我孤立的特性。

由于和外界缺乏足够的交流机会，托马斯对于外界变得更加恐惧，这种恐惧完全压制了他原有的语言天赋，使得他暂时性失去了顺利讲话的能力，因此过去一分钟能够讲完的话，他现在可能不得不花费5分钟甚至更多的时间来表达清楚。

对于心理学家来说，托马斯的症状可没有那么大惊小怪，至少这并非因为托马斯的嗓子患了某种疾病，或者脑子被突然撞坏了，这只是一种比较严重的心理疾病而已。患者并没有真的丧失语言能力，也没有失去正常表达的能力，只不过是内心的恐惧使得大脑习惯性地抑制了那些语言天赋。

类似的情况在办公室里也存在，有的患者在和同事们进行交流的时候，会表现得非常顺畅，无论聊什么话题，无论开什么玩笑，都是满嘴抹油了一样。可是一旦遇到上级，尤其是平时不太接触的上级，就会支支吾吾说不出话来，会觉得想要表达清楚自己的意思突然就变得很困难，但事实上这些上级未必是动不动就骂人的“怪物”。

这些情况并不难理解，就像一个能言善辩的人突然遇到自己喜欢的姑娘时，可能就会表现得手足无措，大脑会暂时出现短路的情况，从而造成语言的暂时失灵。只不过社交恐惧症的患者可能症状更加严重一些，他们会习惯性地在外人面前口吃，甚至是说不出话来。这是过度紧张以及恐惧的一种表现，证明了患者不喜欢与别人发生交流，那样会让他们觉得很不自然，而且感到痛苦。他们会不断在潜意识中提醒自己“我不想讲话”，而在这种精神刺激下，大脑会抑制个人的发挥，会影响语言神经的调度，最后他们会发现自己想要说出话来并不那么容易。大脑就像一个调皮的操纵者一样，会帮助他们搞定一切——“既然你不想说话，我就干脆让你说不出话来。”这个时候，舌头开始不听使唤，而且肌肉开始抽搐。

这一切都是在转瞬之间发生的，患者自身根本感觉不到，也没有办法让自己的语言能力重新恢复正常。除非到了一个熟悉的环境中，面对熟悉的人，这时候患者发送给大脑的警报会被解除掉，而大脑也会重新恢复语言神经的正常功能。而下次，一旦遇到陌生人，大脑又会开始剥夺患者的表达能力。这种模式的切换非常自然、快速，完全超出了患者自身的调节和控制能力。

口吃会造成一些困扰，当患者发现自己在陌生人面前说不清楚话，开始将所有的东西搞砸时，这种羞耻感、紧张感和恐惧感会进一步加重，这时候想要把舌头捋直了，可能会变得更加困难，所以嘴巴会变得越来越笨，吐字之间的间隔会越来越大。这是一个恶性循环：越是害怕交流，就越容易口吃，而口吃又会加重恐惧的心理，最后，患者会在社交恐惧的道路上越走越远，并不断封闭自己。

心理学家发现，多数社交恐惧症患者都害怕与人聊天，平时他们会尽可能减少说话的内容和频率，而这样就剥夺了沟通的锻炼机会。在社交恐惧症患者当中，至少有70%的人在与外界交流的时候，都存在表达上的问题。有的人变得很沉默，基本上一句话也不说；有的人语言混乱，缺乏逻辑，不知道自己说些什么；有的人容易反反复复说一句话；有的人则会出现口吃的情况。

如果说在熟悉环境下的正常交流是一种被大脑认可了的模式，那么在陌生人面前则是一种未被解锁的状态，患者如果想要改变自己口吃的症状，就需要想办法解决自己的恐惧心理，要懂得克服自己内心的魔障，然后给大脑发射更加积极的信号，从而顺利解锁陌生环境下的沟通能力。

蜗居30年的“超级宅男”

在日本，有一个在家宅居将近30年的“超级宅男”。据说，他从1988年开始，就没再出过门，他不曾出去工作赚钱，也没有任何所谓的朋友，每天都躲在家里，只靠电玩、电动游戏、电视、报章杂志、光碟来度过每一天，所有花费和生活起居都是由快70岁的母亲负责。

据他回忆，自己在16岁时（1988年），因为个性比较含蓄，在学校里一直都遭到同学的霸凌，而这给他的心里留下了很大的阴影，也对外界失去信任。但是即便如此，在高度开放的现代社会中，很少有人像他一样保持这种完全孤立的生活方式，对于现在某些动辄一天不出门一天不和朋友聚会都难受的人来说，这种自我封闭的生活简直就无法想象，而且他们也没有办法想象这种生活会持续近30年的时间，他们可能会发疯。虽然互联网的发展极大地提高了通信能力，人与人之间的距离缩短了，但这样会创造出一大批的宅男，这些宅男足不出户就可以了解外面发生了什么。而且网络虚拟世界往往比现实世界的压力更小，幻想的空间更大，因此宅男们愿意沉浸其中。

不过即便如此，也很少有人会出卖30年的青春来当作宅男的赌注。但是这个超级宅男却心甘情愿地待在家里，即便是现在，也没打算过多接触社会，对他来说，家里就是整个世界。所以在某些方面，他显得有些落后，而周围的人也都认为他是一个怪人。至少有人或许会觉得他看起来像一棵大树一样，在那个狭小的房间里生了根。

除了这个日本的超级宅男之外，还有俄罗斯的著名数学家格里戈里·佩雷尔曼也称得上是一个宅男界的奇葩，这个被称为“世界上最聪明的人”，曾经破解了困扰数学界和物理学界的“庞加莱猜想”，并由此获得了“菲尔兹奖”。但是他却突然大脑短路，拒绝前往巴黎领100万美元的奖金，因为他压根就不想离开自己的家，而在此前，他也弄不清楚最近一次离开家到底是什么时候了。

很多人也证实了这一点，格里戈里·佩雷尔曼多年来一直和老母亲住在一起，几乎比那些“大门不出，二门不迈”的古代未婚女子更加宅，有人还因此嘲笑佩雷尔曼是个胆小鬼，一离开家就可能会哭泣。但对于这个怪异的天才来说，老老实实宅在家里才最安稳，至于那100万美元他并不那么看重，或者说那笔钱更应该放在圣彼得堡的某个熟人那儿，也许由这个熟人来颁奖，他才会想办法卖一个面子。

这些超级宅男看起来宅得有些奇怪，但其实困扰他们的并不是什么深层的原因，这不过是社交恐惧症而已。现在有些人喜欢宅在家里玩游戏，不想外出与人交往，这是一种轻度的社交恐惧症。而那些动辄几年不出门的“超级宅男”则是比较严重的社交恐惧症患者，他们害怕接触外界，害怕与外界发生更多的接触，因此出现了很多人几年不和陌生人说话，几年不逛街购物，几年不出家门的极端情况，对于他们来说，不仅仅是不喜欢与人交流的问题，也可能是根本就没有想过与外人发生交流。

对于“超级宅男”而言，他们中的某些人几乎已经丧失了自己的社交能力，不知道该如何与人相处，也不知道该如何交朋友，对他们来说，可能连最基本的一些社交方式也遗忘了。在现代的通信技术条件下，有些宅男认为自己可以通过手机和网络与外界联系，可以在互联网或者自媒体上结交新的朋友，并且及时了解外界的信息，但是这种接触与面对面的交流是完全不同的。在网络上，他们面对的可能是一群无压力、无节操、无规则的人，所以聊天时可能并不那么真实。一旦他们长时间沉浸在网络中，就会丧失现实生活中的沟通技能，到最后他们会发现自己的嘴巴也许只能对着镜子自说自话，或者在网络中进行留言，而一旦面对面交谈，大脑可能会本能地抑制他们的思维和语言表达能力。

不可否认的是，很多宅男都和现实生活产生了一定的距离，而这个距离如今正在不断加大，一旦宅的时间太久了，他们就会突然和生活脱节，并且对社交行为产生恐惧心理。现在有一组调查数据足够让宅男们感到危机重重了：有36.23%的网友就认为，“宅”在家中有更多休息时间，而34.79%的网友承认，“宅”生活让他们失去了不少社交机会，也许对人际交往和工作都产生消极的影响。此外，近20%的网友表示，“宅”让他们的性格变得自闭抑郁，而且开始发现自己不善于与人交往，觉得越来越缺乏共同语言；而超过10%的网友则认为自己“宅”的时间太久了，开始变得害怕接触人群。

这些变化是显而易见的，事实上他们确实会失去某些最基本的社交功能。比如现在的网购几乎能够解决所有的购物问题，而且快捷方便，但是却失去了与售货员正常沟通的机会。而这种面对面的沟通实际上不仅有助于提升个人讨价还价的能力，还有助于提升个人处理各种社交问题的能力。网聊也是一样，在网络上说得再热乎，始终没有现实中的正常交流来得让人放心。

有人做过调查研究，发现越来越多沉溺于网络的人出现了抑郁症、社交恐惧症等心理疾病，因为网络几乎给了“宅”一个最大的借口和便利，也让社交变得更加网络化、虚拟化，而人们发现自己不再需要像过去一样面对面地交流，也没有面对面交流的那种压力。这并不是说网络中就可以睁着眼说瞎话了，但确实每个人都可以更好地隐藏和伪装自己，然后将自己最好的一面表现出来，包括那些美颜后的自拍照。

当人们在网络中越来越觉得可以更好地处理各种生活问题时，他们对于社交的兴趣就会下降，对于社交的概念也会慢慢淡化和模糊，在他们看来社交就是《英雄联盟》（网络游戏），就是微信和QQ，就是朋友圈的各种炫图，就是网络世界里的各种厮杀和恋爱。结果他们往往会在生活中失去正常的社交能力，比如他们在网络世界里可以油嘴滑舌，聊得热火朝天，但是在现实中可能会害怕面对异性，或者一句话也说不出来。

如今，这些超级宅男正在成为一个大问题，父母抱怨他们不结交朋友、不结婚、不生孩子，而社会似乎也迫切地希望他们能够为缓解生育率日益降低的危局出一份力。更重要的是，有人开始担心或许在不久的将来，大街上将再也看不到那么多的人，人与人之间的见面将会变得更加恐惧，那时候大家可能都会习惯性地待在家里，而所谓的社交也会完完全全被圈在房间里或者网络中。

直面那些让自己恐惧的社交场合

几乎所有人都认为患上社交恐惧症的确有些让人觉得难堪，因为患者至少仍旧活在现实生活中，而现实可从来不会放过他们，他们还是需要经常出入陌生的场合，还是需要与别人进行电话聊天，还是需要去超市，生病了也总得去医院看看，没有人能够真正像土拨鼠一样打个洞将自己彻底藏起来。哪怕是格里戈里·佩雷尔曼那样的超级宅男，也不得不为自己是否要去领那100万美元而纠结。还有那个在房间里孤独地待了将近30年的男子，听说最近也开始尝试着跟着母亲去购物了。

所以真正的问题不是“我是否患了社交恐惧症”，而是“我患了社交恐惧症，却还要出去面对外人”，对患者来说，无论怎么躲，最终还是要承受恐惧的侵袭。而且躲并不能真正解决问题，只会让人变得更加封闭，只会让整个社会看起来更加如狼似虎，以至于患者会加倍远离外界的环境，并且丧失最基本的应对外界环境的信心。

事实上，很多人原先是因为个人的生活习惯或者为了避免再次受到伤害才会变得自闭，但是当社交恐惧症出现之后，很多患者为了避免出现尴尬和恐惧的情绪，会一再避免和外界发生过多的接触。但没有人可以真正远离社会，也没有人可以做到完全独立，这样只会被整个社会体系所摧毁。

因此，真正挽救社交恐惧症患者的方法，绝对不是逃跑，绝对不是回避，而是诚实地接纳和面对这一切。没有人会天真地认为“自己不想与人交流”，就可以永远不和他人发生交流；没有人会认为“自己害怕交往”，就可以完全地依赖自己而存活下去。多数人忘了这样一个现实：这是一个社会，而社会是由群体组成的，一个人是成不了社会的，也脱离不了整个社会。

现在，社交恐惧症正在变得越来越普遍，而对于每一个患者来说，他们的精神状态和生活、工作状态都已经明显受到了影响。身边的人都会认为患者正在变得神经兮兮的，他们也都会对患者躲躲闪闪的怪异举动产生不满的情绪。而对于患者自身而言，这些痛苦可能会像钉子一样深深嵌入他们的大脑中，并产生持续的不良影响。简单来说，他们可能会在恐惧中被社会慢慢排斥，最后可能会被完全赶回到自己的屋子里，这种孤独感会让他们丧失作为社会人所具备的资格和技能。

社交恐惧症的问题绝对不可忽视，否则会让患者陷入没朋友、没爱情、没交际的“三无境界”，因此需要提早进行治疗。在心理医生看来，社交恐惧症的治疗要抓住一个最关键的点，那就是恐惧。患者究竟害怕什么，又为什么要害怕，弄清楚这些无异于打通了困惑和约束患者精神的通道。所以心理医生通常都采取以下这几种方法进行治疗：

暴露疗法

对于很多精神和心理类疾病来说，暴露疗法是一个比较激进但是效果非常显著的治疗方法，对于社交恐惧症的患者来说，暴露疗法非常适合用来治疗这些症状，医生可以让病人暴露于能引起焦虑烦恼的各种不同的现实刺激性情境中，既然他们害怕面对陌生的环境，那就强迫患者进入陌生的环境；既然患者害怕与陌生人交流，那么就要强迫他们接触陌生人，并且鼓励患者与外界发生更为紧密的接触。

尽管这些过程比较漫长，而且也容易让患者产生强烈的不适感，但是却能够很好地提高他们的耐受力，一旦接触外界的机会增多了，患者的精神和心理都能够慢慢调节回来，一些恐惧心理会慢慢消失，这个时候就不太容易像过去一样出现过于敏感的症状。

有个十岁的孩子患有社交恐惧症，每天都待在家里不愿意出门，父亲按照心理医生的指示，每天傍晚都将孩子带到人多的地方去逛逛，尽管孩子一直吵着不愿意去，但是在父亲的强制下也无可奈何。在第一天、第二天、第三天，孩子都表现出了极大的不适应，但是在那之后，父亲慢慢发现孩子可以和其他孩子说上几句话了，而这恰恰是一个良好的开端。

催眠法

精神分析师和心理医生经常会通过言语暗示或催眠术使病人处于类似睡眠的状态，使求治者的意识范围变得极度狭窄，借助暗示性语言，挖掘病人心灵或记忆深处的东西。他们就像一个窥梦者一样，会慢慢进入患者的潜意识，然后从一大堆记忆中去寻找病因，看看他们是否经历过某种窘迫的事件，以此来消除病理心理和躯体障碍。

比如医生对托马斯先生进行催眠后，就发现他之所以会变得口吃，一方面是因为不喜欢社交，另一方面据说是因为有一次在外人面前谈论学术问题，结果对方批评他胡说八道，这件事给托马斯留下了阴影，此后他在外人面前总是表现得很谨慎，而且很少表达自己的观点，慢慢地他在外人面前正常交流的功能就被抑制住了，而口吃也开始莫名其妙就跑出来作乱。当医生了解了病因，然后就结合他在课堂上的优异表现进行引导，让他意识到自己是一个能力出众且语言天赋强大的人，从而帮助他一点点消除内心的阴影，并慢慢培养他在陌生人面前的自信。

森田疗法

患者大多有一种疑病心理，总是免不了对着自己的不正常表现感慨一番："为什么自己会出汗，为什么害怕见到异性，为什么容易口吃，为什么莫名其妙就会心跳加速，这些是不是因为我病了。"无论是不是紧张和恐惧引起的，患者都会对自己不正常的表现过分担心，并且自觉不自觉就会看一看自己是否心跳加速，是否出汗了，是否口吃得很严重，而这种过分关注恰恰会让他们的症状变得更加明显。

正因为如此，他们需要给自己吃下一颗定心丸，比如主动接受社交中的胆怯、紧张、心理不安，不要再把这些症状当作身心异物加以排斥。他们需要持续不断地告诫自己：它们不是恶魔，不是怪物，只是一种心理反应，所以完全可以带着紧张、胆怯的情绪与人交往。通过这种自我提示和接纳，往往就可以慢慢缓解症状，直至消失。当患者意识到自己的症状在别人身上也会出现，或者这些症状只是正常反应时，就会降低自己对社交的恐惧和抵触心理。

除了以上这些治疗方式之外，患者必须也要进行自我调节，要懂得从外界寻找到那些快乐的因子，并且要不断提醒自己多出去走走，因为当一个人将自己长时间困在家里后，情况可能真的会变得很糟糕。

第十篇：

被封闭的奇怪人生——自闭症

自闭症并不意味着失去了生活和工作的能力，并不意味着丧失了社会功能和价值，只要进行正确的治疗和引导，就一定会有效缓解症状。

了不起的“画面思维”

H先生是一个非常奇怪的人，至少认识他的人都会这么认为，这种怪来源于他的某些天赋。有一天他告诉所有人说，数字都是有形状的，也许这并不是什么震撼性的说法，就像7像锄头，2像只鸭子，3像一只耳朵一样，这些并没有什么稀奇的，要是乐于想象，还可以将7当成打着雨伞的父亲，这大概可以任意发挥。

不过对H来说，这些形状简直就是小儿科，在他的眼中数字的形象可要丰满得多。H尤其偏爱质数，在他看来，这些数字光滑圆润，就像海滩上整齐排列的鹅卵石。

在H的眼中，数字是有形状的，尤其是那些质数（也许大家应该重新普及一下数学知识，质数是指在大于1的整数中，只能被1和这个数本身整除的数）。按照H的理解，它们看上去既光滑又圆润，就像海滩上的那一颗颗鹅卵石。当别人都在被一大堆的数字整得一头雾水的时候，他会像一个专业捡鹅卵石的人一样，从一大堆的数字中迅速找到每一个不同的质数，据说在9973以内的质数，他都可以想象成不同形态的鹅卵石，并且迅速挑选出来。

当然这个天才所拥有的能力远不止于此，他还能准确地描述出这些不同质数的个性，听起来他就像这些质数的妈妈或者保姆一样，所以他在描述质数的时候，往往比最善于讲课的老师还要富有感情，还要让人印象深刻。他认为1是一道亮白色，就像手电筒的光，晃得人睁不开眼；5会响起轰隆隆的雷声，或惊涛拍岸的咆哮声；37像他的早餐麦片粥一样黏糊糊的；89则让他感到仿佛飘起了雪；11很和善；5很吵闹；在其他数字的认知方面，他同样具有令人匪夷所思的画面感知能力，比如他认为4既害羞又安静，当然，他最喜欢4，因为觉得它跟自己最像。对于那些更复杂的数字，他觉得它们是庞然大物，比如23、667、1179，这些东西一定是发生了基因突变，要么就是吃得太多；像6、13、581之类的数字又显得小巧玲珑；333展示出了自己的优美；289是丑陋和低颜值的杰出代表。

这种表述几乎是前所未有的，而且也的确让人摸不着头脑，好端端的一组数字，稀松平常，没什么特别的意义，在H这里却被玩出了新花样。那么H为什么会产生这种稀奇古怪的想法和看法呢？数字像鹅卵石，而且还有自己的脾气和个性，这听起来比数字怀孕了还要不靠谱。

那么为什么H要这么去理解呢？这是不是一种恶作剧呢？但有谁会无聊到拿一组无辜的数字开玩笑，而且开得如此富有艺术感和人情味。H只好被当成一个怪人来对待了，也许他被海滩上那些真正的鹅卵石弄得有些迷糊了。

但是心理学家很快发现了问题所在，原来H是一个自闭症患者，尽管很多自闭症患者给人一种死气沉沉的感觉，但H的确是其中的一个。那么自闭症患者为什么会和一堆数字纠缠在一起呢？难不成他们真的没有什么朋友，就打算和一堆数字打交道？然后将这些数字进行拟人化处理？事情显然没有那么简单。

在解决这些疑惑之前，可以对H的理解能力进行解释。在心理学上有一种奇怪的现象叫作“联觉”，简单来说，就是人体的几种感觉交织和联结在一起，比如看到红色就会想到热，看到黄色，就会想到温暖，看到青蓝色就会想到冷，在这里，视觉和触觉发生了相互作用。像H对于数字的理解，也是一种不同感觉的相互作用，只不过这种联结程度可要比单纯的颜色感觉复杂得多。

自闭症患者身上联觉往往非常复杂，很多单纯的死气沉沉的数字，在他们眼中，会变得富有生命力，它们富有感情色彩，能够代表喜怒哀乐，同时具备声音、颜色、形状、质地，也许它们还具有自己的思维方式。

这种联觉丰富了自闭症患者的感官系统，也让单纯的数字变成了一幅幅生动的画面，而这恰恰就是自闭症患者的一大才能。更加具体地来说，自闭症患者堪称是最大的“电影迷”，只对“电影版的信息”感兴趣，而不是“小说”形式的内容，所以他们接触的东西通常会被转换成电影的画面格式，而不是文字格式。就像那些数字一样，在别人眼中就是文字版的数字，但在他们眼中可能就是一个正在哭的小精灵，一个活泼的捣蛋鬼，或者一个体态臃肿的大胖子。

对于数字和文字，他们总有办法进行转化，就连数字运算也是一样。比如数字的乘方可能会让很多小学生算得焦头烂额，但是像H之类的天才就非常感兴趣，这些乘方运算后的数字会在他眼前形成一幅幅美妙的画面，而且乘方的数值越大，那些图案就越复杂，颜色也越绚烂。

对于除法，他会发现另外的图案，数字相除后会形成一个向下旋转的螺旋，而且转的圈子越来越大，越来越扭曲、变形。重要的是，不同的数字相除，呈现的螺旋大小与扭曲度都不同。由于能够更加直观地通过图像显示来计算答案，H先生几乎在短时间内就可以得出13÷97这类除法的答案（0.1340206……），让人感到不可思议的是，他竟然可以精确到小数点后一百位，这简直比计算机还要让人惊叹。

很多孩子对于乘除法感到崩溃，但是即便是再复杂的运算，H只要花上几秒钟，就可以在脑海中呈现出一幅美妙的图画，然后随口说出答案，这种才能简直无法想象。而心理学家后来对其他自闭症患者做过实验，发现也有一些人的数字运算能力非常出众，比如当一盒火柴从桌上散落在地面上时，也许很多人要花费三分钟的时间来数清楚一盒火柴的数量，但是自闭症患者也许会脱口而出“115”，因为他们看到了图案。

这就是画面思维的能力，也许很多人会说自闭症患者是情感丰富的人，毕竟一般人不会对呆板的数字产生如此丰富的联觉，只有那些情感丰富细腻的人才能感知这一切。其实这是错误的，事实上，同我们生活中所接触的那些自闭症患者一样，他们缺乏情感，也不善于与人交流，除了用图画理解数字以及整个世界，他们对于非视觉性的思考方式根本一无所知，简单来说，一些具有丰富意境、朦胧意境的东西，他们根本理解不了。这也是为什么当他们读一些名著时，可能会对里面那些莫名其妙的感情纠葛、莫名其妙的意境感到疑惑，一些简单的、普通的情感可能会被感知到，但是对于更为复杂的情感，可能就无所适从了。他们会觉得哈姆雷特是个傻瓜，会认为窦娥没什么可喊冤的，会觉得堂吉诃德就该被风车给撞死，也无法理解吴承恩为什么要写一只猴子。

所以他们可能真的没有爱过任何一个人，也从未感受到爱究竟是什么，这样就使得他们一方面在自己的画面思维中大显身手，一方面却在现实的情感生活中遭遇冷落，并且日益孤独与隔绝。

困在“围城”里的孩子

前面提到了自闭症，那么自闭症究竟是如何产生的呢？有关自闭症的定义是怎样的？想要知道这些，首先可以了解一下自闭症的历史。

1943年，来自美国密西西比州费雷斯特的一个名叫唐纳德的10岁孩子被确诊患有自闭症，这是自闭症的第一病例，所以专家们将其称为“唐纳德1号”。名字虽然有点怪，但是在当时来说，这的确是一种前所未有的疾病，这种复杂的神经紊乱症引起了美国医生Kanner的关注。那一年，他先后报道了11例患者，发现这些患者都具有一些明显的症状：

——外人想要表现出沟通的欲望时，患儿的情感不来电；

——反反复复给玩具排好队，一整天抠脚指头；

——要么不说话，要么就胡说八道；

——视觉能力强大，图画思维非常好。

Kanner医生认真总结和分析之后，将这类疾病命名为“早期婴儿孤独症”，这就是自闭症名称的由来。当然，其他医生总是喜欢出来搅和一下，他们觉得这不过是儿童精神分裂症的一个亚型，所以不值得大惊小怪。在之后将近20年时间里，又有很多类似的病例被报道出来，而医生们也按照自己的理解，取了各种稀奇古怪的名字。并且将孩子身上出现的异常症状归结到父母身上，按照他们的理解，患儿的父母应该是一群高学历人才，事业心很强，但是缺乏爱心且冷酷无情，这样一口大黑锅让患儿的父母几乎感到愤怒。

到了20世纪60—70年代，终于有一些专家良心发现，指出这类病症是由从出生到童年早期的发育障碍所致则更为合情合理。可以说，患儿的孤独症几乎与父母抚育方式没有任何关联，这一下父母们不用再为这口黑锅而感到自责了。而随着自闭症儿童数量的不断增加，自闭症也越来越引起社会的关注，联合国还将每年的4月2日设定为“世界自闭症日”。

说了这么多，那么自闭症究竟是什么呢？自闭症又称孤独性障碍，是广泛性发育障碍的代表性疾病。患者会表现出漠视情感、拒绝交流、语言发育迟滞、行为重复刻板以及活动兴趣范围的显著局限性特征。简单来说，他们视力很好，可是却不愿意看别人；语言能力不错，但就是不说话；听力正常，但总是装作听不见；行为很正常，却总是和别人的愿望对着干。

这种病症往往有三类核心症状：

（1）社会交往障碍

所谓社会交往障碍指的就是社交功能的缺失，通常来说，孩子会期待和父母发生眼神的交流，会期待着父母的拥抱，会对外界的声音产生兴趣，会产生交友的兴趣，且乐于表现出开心或者伤心的情绪。但是对于自闭症儿童来说，这一切都不会发生，他们对于正常交往的需求几乎为零。

比如很多患儿不喜欢和别人发生亲密接触，对待父母的关爱也显得非常冷漠，当父母伸开双手做出拥抱姿态时，他们往往显得无动于衷，就像是在说：“我还需要拥抱吗？”或者像是在告知父母：“你是谁，为什么要抱我？”即便父母拥抱成功，他们也会极力表现出一副“强扭的瓜不甜”的不爽表情，然后屁股一直撅着往外翘，就是不让亲、不让抱。

患儿的眼神通常是离散的，根本不会注意到别人的存在，也不会听见别人说了什么，别人需要将双手放在太阳穴旁边，端着他们的脸，集中他们的视线。不仅如此，说话者必须尽快地开口说话，否则几秒钟之后，患者又会忽视他们的存在。

即便是孩子长大之后，可能会改善和父母的关系，但是在外面，他们还是会对社交活动说“不”，而且也没有什么技巧来交朋友，因此长期处于“没朋友”“没恋爱”“没婚姻”的三无状态。

（2）交流障碍

交流障碍主要指的是语言行为上的异常，比如：当别人口干舌燥地说一大堆的话，患者却摇着头表示不能理解；想要让他们说爱你或者说喜欢你，简直比登天还难；患者会模仿别人说话，然后像录音机一样重复播放；说话的时候，该快的时候不快，该慢的时候不慢，该加强语气的时候说得很轻，该说得轻柔一些的时候，又突然像放炮一样；他们最擅长的就是背儿歌或者电视里听来的广告词，说话时，常常说着说着就没声音了；不清楚摇头、点头代表了什么，表情非常冷漠，也许哭是唯一能够表明自己需要某种东西或者不舒服的方式。

心理医生曾经记录了一段自己和自闭症患儿的对话：

医生： 我们可以聊一聊你的新游戏吗？

患儿： 这是一辆车子。（实际上就是一个轮子）

医生： 你准备将车子开到哪里去呢？

患儿： 嗯，对……对的，我开着车子。

医生： 是的，可你准备开车去哪儿？

患儿： 准备去哪儿？

医生： 对啊，你开着车子，总得去一个地方，你想要去哪儿呢？

患儿： 想要去哪儿呢？（开始左顾右盼）

医生： 嗯，比如我想去拉萨，或者上海，那么你呢？

患儿： 想要去哪儿？拉萨、上海，想要去哪儿？想要——

…………

在这段对话中，患儿明显心不在焉，也无法理解别人说了些什么，而且不知道该如何将话题继续下去，所以重复别人的话成了一种常态。

（3）兴趣狭窄且行为刻板重复

一般情况下，儿童对于玩具的喜爱有着一定的共性，比如洋娃娃、汽车或者积木，但是自闭症的儿童可能对酒瓶盖、车轮、塑料瓶等不是玩具的东西产生兴趣，甚至愿意抱着塑料瓶睡觉，对他们来说，就是喜欢不走寻常路。此外，他们缺乏灵活变通的能力，今天从哪条路线回家，下一次就会坚持走这一条路；今天吃了什么食物，明天、后天、大后天都会选择这类食物，稍微变通一点点也会让他们感到不爽。他们还喜欢重复做一些奇怪的动作，比如突然就在房间里跳上几分钟，或者习惯性地踮着脚尖走路。

心理学家波特的孙子就是一个自闭症患者，他平时就喜欢收集垃圾桶里的塑料瓶，并且在两年多的时间里，收集了两千多个塑料瓶，这种特殊的嗜好就连那些捡瓶子的大妈也自愧不如。当然孩子的父母对此无可奈何，因为哪怕是他们偷偷取走了其中一个瓶子，孩子也能立即发现，并迅速做出激烈的反应。

这些症状听起来有些奇怪，当然，自闭症患者并非一无是处，就像前面的H一样，很多自闭症患者具备某些惊人的天赋，他们在音乐、计算、推算日期、机械记忆和背诵等方面可能会呈现超常表现，因此常常被称为“白痴学者”，可以说当上帝从他们身上夺走某些东西时，他们也从上帝那儿偷到了某些东西。

不过在多数时候，患者与社会之间始终呈现出格格不入的状态，而且这种状态很可能持续一生，这对任何一个人而言都是痛苦的。如今，很多人都还不能理解自闭症儿童，也没有给予应有的关注，很多自闭症儿童一旦病发，就会被父母遗弃掉。因此，想要让自闭症儿童成功地被社会接纳，成功地融入到社会生活当中来，就需要整个社会都给予包容和关注。

不要总是依靠药物解决问题

在治疗自闭症之前，需要了解记住有关自闭症的数据：

（1）2014年，美国做了一项有关自闭症儿童的调查，发现每68个儿童中，就有一人患有自闭症，这个数据足以让美国的相关医疗机构忙得喘不过气来。而在我国形势更加严峻，据统计，中国专业治疗自闭症的医生可能还不足百人，而自闭症的患儿至少数以十万计。

（2）自闭症在目前没有办法得到彻底治疗，而且高达80%的自闭症儿童需要终身护理，只有5%的患者能够真正走入社会，另外15%的患者尚可进行生活自理。

（3）很多自闭症患者智力超常，具有某些不可思议的天赋，但是这一类人只是占有极少数，可能仅仅为1%左右，而绝大多数患者都存在最基本的交流沟通障碍。

这三组数据揭示了自闭症患者目前所处的困境，也预示着自闭症患者在治疗、融入社会等方面的难度，这不仅仅是家长和亲人，包括整个社会都需要拿出足够的担当和耐心来投入更多的力量。

事实上，自闭症并没有什么有效的治疗药物，医生们通常只是开出一些辅助性的药物，至于疗效，往往只能说是“稍微有点用”，在更多时候，还是需要采取非药物治疗的方式，尽可能给患者创造一个合适的社交空间和生存环境。

不要试图干预他们的生活方式

有个家长曾经反映说，自己每天都会带着孩子经过家门口的道路去不远处的学校，有一天这个家长为了替朋友送东西，绕了远路，结果孩子一直不依不饶，哭闹个不停。还有一次，他和孩子走楼梯，两个人一边走一边数阶梯的数量。可是走到顶楼的时候，孩子数错了数字，而这个家长也表示自己不记得具体的数字了，事实上他一直心不在焉（毕竟没有谁会做这种无聊的事情）。但是孩子非要拉着他下楼重新走一遍、数一遍。

尽管家长可能会火冒三丈，甚至给孩子一点教训，但实际上这可能会对孩子造成更大的伤害，因为这种刻板的行为模式正是自闭症儿童常见的一种行为模式，而且会带来更多的安全感。一旦有人破坏了他们习惯性的行为模式，就会破坏这种特殊的生存法则，并剥夺他们生活下去的勇气。

所以无论是谁，在引导和帮助患者融入社会的时候，一定要注意保持耐性，要懂得尊重和维持他们原有的生活模式，不能蛮横地进行干预。就像蚂蚁一样，它们都有固定的行为模式和固定的路线，一旦这些模式被破坏掉，就可能会变得不知所措，最终会变得更加自闭。

接触正常人

对于自闭症患儿来说，他们对于社会是缺乏反应能力的，所做出的反应通常不是抗拒就是简单的模仿。而这种模仿就对环境提出了很高的要求，比如：孩子们经常和鸡鸭待在一起，可能会学会鸡叫和鸭叫；经常看电视广告，就会重复地背诵那些广告词；经常被人提问，就会反反复复地说提问者的问题。很多家长主张把孩子送到智障儿童学校去，初衷是好的，但却可能陷入将孩子往火坑里推的尴尬处境中去。因为这里面临着严峻的问题：学校里由于师资力量有限，根本做不到一对一辅导治疗，而孩子们更多时候还是会和自闭症儿童或者智障儿童生活在一起，这时候个体之间就会相互模仿，这是典型的互相伤害，最后孩子的症状只会变得越来越严重。所以最好的治疗方法还是将患儿与正常的孩子放在一起，并且让他们跟着正常孩子一起学习思维能力、自理能力、沟通技能、算术能力。经过长时间的接触，对于他们融入社会会起到一定的帮助。

社会的支持

我国目前的自闭症康复机构寥寥无几，而且很多都是民办性质的，是一些自闭症儿童的父母自发成立的机构，这类机构往往存在很大的缺陷：资金缺乏、人员不足、康复性训练质量不高。它们没有办法真正接纳太多的患儿，没有办法提供更多的保障，很多机构运营到中途可能就会因为各类问题而停止。

所以社会必须提供更多的帮助，比如希望更多的人可以加入义工的队伍，也可以为那些康复机构提供资金支持，对于国家来说，不仅要成立更多的康复性治疗机构，还需要培养更多的治疗医生，尽可能弥补专业医生的缺口。

减少歧视

社会对自闭症往往有歧视现象，就是因为对很多人来说，自闭症就等同于智力障碍，而这是一个很大的误解。实际上自闭症的儿童中有很多智力超常的孩子，只不过很多患儿不愿意学习或者不了解学习的方法，可以说很多患儿身体里藏着一个大宝藏，但是他们找不到打开宝藏的钥匙。而智障儿童则是想学也学不会，因为他们不具备那种储藏大宝藏的大脑。自闭症患儿的主要问题在于社会性很差，社交能力和主动性往往可以忽略不计。

不过由于误解，很多人会歧视自闭症患者，比如主动疏远他们、不提供就业机会、剥夺他们享受正常人权利的机会，而这些都会造成自闭症患者被社会边缘化和排斥。事实上，很多自闭症患者具备一定的才华，尤其是在音乐、绘画、记忆方面往往能力出众，社会应该给予他们发挥价值的机会。而很多经过治疗的患者也完全有机会适应最基本的社会生活，也有能力做好自己的工作。很多患者完全可以胜任图书馆管理员、仓库管理员的工作，一些有能力的还可以成为建筑工程师和绘画家、音乐家。像牛顿和爱因斯坦据说也患有自闭症，但他们最终都成为物理学界的巨擘。所以自闭症并不意味着失去了生活和工作的能力，并不意味着丧失了社会功能和价值，只要进行正确的治疗和引导，就一定会有效缓解症状。

第十一篇：

人生就像一场戏——表演型人格障碍

表演型人格障碍的患者往往比较自负，如果他们觉得世界就是一个圈，那么自己就是站在圈子正中心的那个人；如果他们觉得人际关系就像太阳系一样，那么毫无疑问，他们会当仁不让地一屁股坐在太阳上。

“求求你们都来关注我”

心理学家曾经和一位特殊的病人探讨股市投资问题，这位病人是一位房地产公司的工作人员，有着多年的工作经验，但对于股票实际上处于一知半解的状态。不过谈话开始之后，医生发现自己根本没有什么表现的余地，实际上这就像一次私人的座谈会，尽管自己说了几句话，但实际上根本显得无足轻重，因为对方的发言就像是一次精彩的演讲一样。

在三个小时的交谈中，对方说了整整一箩筐的废话，并且根本没有打算停下来。这个病人还宣称自己找到了一种非常好的投资模式，可以确保自己在股票市场赢多输少，尽管他本人并没有解释这些方法是什么，却一直提醒医生可以问得更加仔细一些。在整个谈话中，对方一直都试图引起医生的注意，并且暗示自己还藏有很多更加高效的方法。当然，除了那些废话，医生并未获得太多高深的投资之道，反倒是觉得对方不过是虚张声势。

现在心理学家心里有了一个初步的判断：对方是一个胸无点墨，但喜欢吹牛的人。第二次，心理学家再次和对方进行交流，这一次，他主动提出和对方聊一聊房地产，并且安排了另外几个人一起讨论。谈话开始后，他发现对方仍旧会积极主动地说很多废话，但是态度和上一次截然不同了。前一分钟滔滔不绝，对方还巴不得将嘴皮说破了，而后一分钟可能变得非常沉默，惜字如金；前一分钟会手舞足蹈，能用的形体语言都会表现出来，后一分钟却坐得笔挺，露出最绅士的那种微笑。

这种反常的表现让心理学家觉得很疑惑，他也推翻了自己第一次做出的判断，虽然对方仍旧有吹牛的成分，但实际上却有一个重要目的：吸引他人的注意和关注。有时候咬着牙齿说话，有时候语速加快，有时候故作深沉，有时候一直摇头，有时候把桌子上的杯子敲得叮叮当当作响，有时候突然哈哈大笑。这些语言和动作的潜台词其实就是一句话：“大家都往我这边看。”

经过分析之后，这个心理学家得出了一个结论：对方可能是一个表演型人格障碍的患者。事实上多数人都有表演的欲望，都有在众人面前表现自己、证明自己的愿望，不过这种证明方式在很多时候会得到克制，而表演型人格障碍的患者则是执着的“自我营销”专家，假使没有人关注自己，没有人赞美自己，没有人对他的言行感兴趣，他可能会做出更为夸张的表现。患者通常会将所有的精力都放在寻求他人的关注上，并且想尽各种办法来赢得好感。

对患者来说，他人的关注与认可比什么都重要，所以一直都试图把自己展示给他人看，如果对方不感兴趣，他们会设法转移目标，寻找其他的“猎物”下手，非得让别人给自己一个大大的肯定和赞美，非得让别人意识到自己的存在，而不是可有可无的空气。

表演型人格障碍是一种比较常见的心理疾病，虽然和一般的爱出风头有些类似，但患者可不仅仅是爱出风头那么简单，爱出风头的人通常会在自己擅长或者略微了解的领域中出点风头，而且也不是时时刻刻都会这么无聊地做这些事。而表演型人格障碍的患者不论在什么场合都想要露露脸，都想要给别人留下一些“深刻”印象，对他们而言，没人关注就是对自己最大的侮辱，为了达到目的，什么色诱、苦情、针锋相对、剧情大反转都不在话下，反正怎么与众不同、怎么一鸣惊人，就怎么来，重要的就是抓住别人的眼球，哪怕是生拖硬拽。

事实上，表演型人格障碍的患者在出风头方面可以说是三十六般武器、七十二般变化样样精通，因此他们的言谈举止有时候呈现出戏剧性的效果，而且常常“不正常”得让人咋舌。

——抱着“宁可胡说八道，也要与众不同的信念”，常常“语不惊人死不休”，语言虽然华丽，但是内容空洞；

——秉持着“别人敢做的，我会做得更好；别人不敢做的，我也敢秀出来”的理念；

——经常第一个说话，而且常常会是最主动、最激动的那一个；

——“没人关注我，我就觉得不爽”；

——不择手段地诱惑他人；

——实际上并不那么亲密，但总是觉得自己和对方关系不一般；

——情绪说变就变，为的就是让别人注意到自己。

如果有人具备以上几种特征，就是一种积极谋求他人关注的表现，那么也可能已经患上了表演型人格障碍。患者往往表现出非常强势的一面，比如在发言时，他们会不由自主地打断别人的谈话，或者动不动就与人发生争执，为的就是给自己的发言尤其是自己的观点腾出更多的空间，而这种行为看起来让他们显得有些好战。

这种人表面光鲜、强势，喜欢出风头，但实际上外强中干，缺乏自信。他们之所以渴望引起更多的关注，一方面是为了证明自己的能力还不错，但这种炫耀实际上恰恰显示了自己的不足，因为从心理学的角度来说，一个人缺乏什么，才会想要表现什么；另一方面，患者的行为是为了让别人更加关注和喜欢自己，这样他人才会给予自己更多的照顾和帮助，这恰恰从侧面反映出了患者无法独立解决问题，甚至无法单独面对问题。

有时候他们会百般讨好其他人，为的就是能够引起更多的注意，能够让别人感觉到他们的存在，并且认可这种存在，可以说，他们是名义上的人际关系操纵者。比如，在他们的意识中，身边的人会被理想化为一个英雄，他们可以单手干掉一只熊，或者扑倒一只猛虎；有时候会被贬低成为一个白痴或者某个无名小卒，就连走路也会栽跟头。这种极端化的倾向首先来源于他们自身强烈的情感追求，尽管这些情感他们从未体验过，正因为如此，他们必须安排身边的人去充当某个角色来承受这些情感，这些替代者还会激活患者自身的情感状态。

对自己所信任和喜欢的人，患者乐于将他们描述成为英雄，赋予他们很多崇高的理想和高尚的道德品质，这些人会成为至高无上的圣人，并且成为患者崇拜的偶像。而一旦某些人辜负了患者，就会被患者描述成为自私、无能、小气、倒霉的浑球，患者会毫不犹豫地将这些人的形象像野狗一样撕咬粉碎，将他们当作最低贱、最无耻的一群人来看待。

不过这种情况并不会持续太久，只要这些人非常聪明地配合患者的意愿，对他表现出足够的兴趣，患者又会重新将那些人拼凑成一个高大上的形象。

正因为过度在意自己是否被人关注，所以他们对于他人的评价极为敏感，别人一句无关痛痒的话，一个漫不经心的眼神，一个无意中的小动作，可能会被他们解读出一千八百种意思来，也会让他们产生不安和担忧的感觉。他们在很多时候生活在想象中，并且会对幻想中的一些人物形象痴迷，就连自己也半信半疑，可以说是典型的“想多了连自己也骗”的人。

这并非一种任性的行为，而是一种人格存在的方式，患者自己可能也控制不住。比如表演型人格障碍的患者往往会热衷于看心理医生，这和很多讳疾忌医的精神疾病患者几乎完全不同。患者会这样告诉心理医生，“我有病，而且病得很严重”，在这里，生没生病、病得严不严重实际上无关痛痒，他们也根本不会意识到这一点，只不过是希望把疾病说得更加严重一些，从而引起医生的注意。关于这一点，对于那些爱出风头的自恋症患者来说，他们只会想办法掩盖病情，并且拒绝接受治疗。

无论何时何地，无论面对什么人，患者都会表现得另类和积极，因为只有这样，他们才有机会吸引别人的关注，才有机会让别人喜欢上自己，他们生下来似乎就是为了赢得那些赞美和同情而存在的。

自我暗示："我就是舞台上的主角"

表演型人格障碍的患者往往比较自负，如果他们觉得世界就是一个圈，那么自己就是站在圈子正中心的那个人；如果他们觉得人际关系就像太阳系一样，那么毫无疑问，他们会当仁不让地一屁股坐在太阳上。事实上，他们每天都在寻求关注，而有一个重要的原因就是以自我为中心的思想在作祟，在他们看来，自己就是焦点，所有人的意志都要围着自己转动，所有人的想法必须符合自己的意愿。

对于表演型人格障碍的患者来说，他们有时候觉得自己就像是一个高高在上的君王一样，只要一发号施令，所有的人都要俯首称臣，认真执行。他们未必会专横霸道，但是会明确告诫自己：这里的一切我做主，一切应该是我说了算，你们最好还是听听我的看法。

有个年轻人曾经向心理医生哭诉自己的女朋友不正常，因为对方在生活中很"霸道"，凡是她认定的就是好的，凡是自己认为不好的，那么一切就都是不好的。就连最简单的泡咖啡，她也对男朋友约法三章：

（1）第一杯咖啡必须先端给自己，这样做的目的很简单，可以显示出对自己的敬重，证明你心里最在乎的是我。

（2）你必须用右手端咖啡，这样才显示出我在你心中与众不同的地位（因为男生是左撇子，总是习惯用左手）。

（3）如果我认为咖啡不错，所有的咖啡才能拿出来给客人分享；一旦觉得咖啡味道不好，那么你就要重新调配一下。

而年轻人也爆料说诸如此类的霸道条款还有很多，总而言之，就一句话：“我是家里的主角，一切应该我说了算，你存在的目的就是为了服从我，为了满足我的愿望。”这样的案例可不像电影情节中描述的那么感人，事实上，这些都是典型的表演型人格障碍的症状，简单来说，这是一种病，和撒娇或者可爱之类的可能根本沾不上边。

这样的想法和行为在很多患者身上都会出现，他们都会不断暗示自己才是生活的中心，会告诫自己要拿出一个核心人物应有的气质和表现。他们可能会无数次幻想自己成为一国总统或者公司总裁，并且将这些情绪投入进去，慢慢就出现了一些比较极端的自我主义。

比如，美国有一对夫妇准备闹离婚，原因就是因为丈夫是个演员，每天晚上要拉着妻子一起表演影视剧中的情节，妻子有时候想要自作主张发挥一下，就会遭到丈夫的嘲笑和辱骂，因为丈夫总是在意自己被抢了戏份。

平时在家中，丈夫就是一个比较自负的人，什么事情都喜欢让别人听从自己，如果他觉得火鸡应该从屁股上开始动刀，那么家里人就甭想先在脖子上切下一块肉来。否则他会坐在那儿生上好几个小时的闷气，或者干脆将桌子拍得梆梆响。

这种情绪表现有些类似于企业中的领导，事实上，很多企业领导就患有一定程度的表演型人格障碍，他们在开会的时候，总是先自顾自地说上几个小时，然后才让别人说，而且明确表态不希望听到其他的反对声。员工如果胆敢比老板更早走出电梯，就可能面临被开除的风险，如果有人在老板之前宣布了某个通知或者好消息，很有可能被降职。

这类行为很难让人理解，也让其他人感到反感，毕竟这时候所表现出来的已经不是权威或者威望了，而是一种畸形的欲望，一种以自我为中心的病态表现。对这类患者来说，如果别人没有关注自己，绝对是对自己最大的侮辱；如果自己不是全场的焦点，绝对是自己最大的失败。在生活中，他们会将这种想法付诸实施，并不断表现出这种“唯我独尊”的个性。而在舞会或者某些社交场合上，患者可能会产生幻想，认为自己就是舞台上最大的焦点，会觉得所有人都应该和自己搭讪，认为所有的人都应将目光停留在自己身上。这个时候，他们的言谈举止可能会更加主动，更加积极，也更加夸张。

如果说在寻求他人关注的过程中，患者会带着恳求的语气和态度，那么一旦他们以自我为中心，就会强迫身边的人按照自己的意愿行事，而且得不到满足的话就会让对方难堪。所以他们通常会表现出一些不可理喻的行为，也会表现出一定的性格特征：

——期望获得更多的赞美，无论对方值不值得赞美，说几句奉承话，总是会让他们感到满足；

——希望其他人对自己保持绝对的认可和服从，有时候一点反对意见，都会让患者寝食难安；

——不允许其他人抢风头，否则会视为一种不尊重和挑衅的行为而发起攻击；

——所有人必须围着患者转，必须先满足他们的福利和需求。

心理学家认为，这些行为特征并不仅仅是性格缺陷引起的，更多的是心理因素导致的，患者并不会意识到自己的行为很过分，也不会真正察觉到他人对自己的表现是否满意。而且在很多时候，他们的大脑中充斥着各种幻想，这些幻想会支撑着他们继续做“国王”或者“女王”的梦，会给予他们更多“积极”的暗示：“我很出色，别人都在偷偷关注我，他们甘心围着我转。”

在这种心理和精神暗示下，他们会更加卖力地表现自己，并要求得到更多的肯定，但对其他人来说，他们给予赞赏或者肯定要么是有所企图，要么就是被赞美的人有真材实料，而最终他们都会厌倦充当配角，这样就会对双方的人际关系造成严重的冲击。

从某种程度上来说，表演型人格障碍的患者最容易接受的是马屁精、奴隶以及一帮的龙套演员，他们才能满足患者的胃口，才能真正让患者感觉到这个世界是围着自己转动的，至于合伙人、朋友和爱人，也许并不是患者所期待的。

演戏演到没朋友

法国作家克里斯托弗·安德烈写过一本书《太聪明所以不幸福？》，在书中，他认为某些电影明星不幸的感情生活就和表演型人格有关："他们总是被先是对他们迷恋不已，最后不堪戏剧化行为的伴侣抛弃，或是他们离开伴侣，转而寻找暂时对自己更为关注的新对象。"

对于那些患有表演型人格障碍的电影明星来说，可能真的会混淆演戏与生活的界限，因为患者真的会将演戏进行到底。对他们而言，表演就是生活，因此他们时刻都停留在表演状态，没有人导演（导演就是他们自己），没有所谓的NG，没有所谓的剧本，一切都是在自然而然的状态中发生的。生活虽然如戏，但并非真的需要依靠演戏来支撑和完善的，关键还是要保持真诚。

比如对于表演型人格障碍的患者来说，他们往往具有很强的适应能力，总是能迅速而轻松地和他人建立起表面上的接触，对他们来说交朋友可真不是什么大问题，他们在很多时候无所畏惧不拘谨，而且是无分寸、无界限的，但在交际中，常常会出现这样一个奇怪的现象：他们热衷于交往，和谁都想要聊上几个小时，但可悲的是这类人往往和谁也聊不到一块儿去。简单来说，他们喜欢交往，但总是把事情搞砸。

而造成这一切的原因就在于他们缺乏共情能力，缺乏情感体验能力，因此想要和别人真正交心非常困难。这就使得他们的言谈举止变得和演戏一样，只是这一出戏演到最后，往往还是他一个人，所有的配戏人员都会被吓跑。

这并不难理解，对于很多人来说，表演型人格一开始的行为举止会让人觉得很新鲜，也很有亲切感，不过随着接触的频繁和了解的深入，他们就会发现患者身上所出现的极端表现、善变的情绪和对关注的极度渴望，简直让人难以忍受。

一件稀松平常的小事，患者也会讲得眉飞色舞、唾沫横飞，也会夸张地表现出极度兴奋或者极度悲伤的样子，但这些开心或者痛苦的表情都不是发自内心的，而是为了引起别人的关注、赞赏或者同情。对于那些想要踏踏实实交点朋友或者谈点恋爱的人来说，“人生如戏，全靠演技”之类的演技派显然不适合深交。

他们可没有办法和那些一会儿和风细雨，一会儿就歇斯底里的人待在一起，那的确会使人发疯。比如患者经常会穿着暴露地诱惑他人，会突然搞一些暧昧关系，会突然对某人大献殷勤，这时候其他人可能会被这些行为所诱惑，但这只是患者惯用的伎俩，目的就是为了吸引别人的关注，至于用什么方法，他们毫不在意。所以当你觉得自己可以和患者发生更为亲密的接触时，可能会因为这些错误的理解而被对方打得满地找牙。

越是过分的表演可能越容易导致重大的挫折，演到最后会发现所有的朋友和爱人都演没了，没有人愿意再陪着患者一起疯，一起傻，一起白痴。因为没有人会愿意像患者一样，长时间沉浸在那种不够真实的表演状态中，他们更加渴望得到一种更加真实的、持续的、稳定的感情。

所以对于那些演出来的表情和动作，他们通常会感到尴尬甚至是厌恶，他们可能会在内心不断这样说：“你个蠢货，能不能别再闹了”“我彻彻底底受够了你这种弱智的表演”“恨不得拿针线将你的嘴巴缝起来”。

曾担任《纽约时报》副主编的里奥讲述过自己的一段奇葩恋情，当时他在酒吧里邂逅了一位非常美丽热情的女孩，两个人似乎聊得很投机，尤其是女孩非常健谈，而且总是很频繁地撩动自己金黄色的秀发，这让里奥觉得自己已经被她俘虏了，因为这就是自己理想中的姑娘，喜欢撒娇而又富有内涵。

不多久之后，两个人就确定为男女朋友关系，但是在成为男女朋友之后，里奥发现了一些不对劲的地方，女朋友的很多行为表现简直比演员还要夸张。有时候里奥工作忙了，对方就突然会流着眼泪说他不再喜欢她了；有时候，对方又会莫名其妙地说一些感人而炽烈的告白；还有一次，里奥和她一起去郊游，由于他不小心踩死了一只蚂蚁，结果女友在车子里哭了一整个下午，并且斥责他为“杀人凶手”，而这让她感到伤心。当天回家的路上，里奥决定和这个神经质的女人分手，并且一句话也没有说，但是当他送她回家时，对方突然回过头做了一个鬼脸，里奥简直都崩溃了。

对于表演型人格障碍的患者来说，他们习惯了戴着面具面向他人，同时也这样对待自己，演戏成为一种生活常态，或者说就是一种日常行为特征。当然，这种表演往往需要高超的、浮夸的演技，因此特点非常鲜明。

——情感的夸张，行为的怪异，一眼就让人觉得不真实；

——患者喜怒哀乐的表情就像变脸一样，怎么变怎么有；

——患者会主动表现出亲密的关系，但却不会投入太多感情。

对于其他人来说，他们经常搞不清楚患者是真的想要和自己打交道，还是单纯地做一些奇怪的动作，他们往往会对这类人感到无所适从。没有人会在生活中真正把自己也当成一个演员来对待，他们也忍受不了社交过程中的那种不真实感。而对于患者本人来说，他们并未意识到自己情感的变化和夸张，也不知道自己的意识和行为有什么不妥，他们意识不到自身情绪的真相。所以在很多时候，他们都会做出一些令人感到匪夷所思的事情。

比如：为了赢得别人的同情和关爱，患者可能会在下雨天站在屋外淋雨，让自己大病一场；为了让别人更加在乎自己，可能会像猴子一样跳到别人身上；为了让陌生人认可自己的存在，他们可能会三跪九拜和对方结为好朋友。

这些行为有时候看上去像是真情流露，但实质上却是一场场闹剧，当这些闹剧被揭穿之后，双方的关系也就被彻底摧毁了。也许患者会继续寻找下一个目标，也还会有更加夸张的表演，但是这些表演基本上都不会让一个聪明人动心。

让自己成为真正的艺术家

在前面一节，提到了一个重要的现象：对于表演型人格障碍患者所出现的表演行为模式，患者自身对此并没有什么意识，即便是在接受治疗的时候，他们也会带着表演的情绪和医生进行沟通。对他们而言，患病并不是什么大事，但却是一个很好的表现自我的工具，是一个足够引起他人关注的机会。

当患者在医生面前还想着表演时，很多人可能会觉得他们“死性不改”，但对于心理医生来说，患者的这种表演行为为治疗提供了一个很好的思路和方案。以下是一个心理医生记录的特殊案例：

杰是一个非常奇怪的人，身边的人都觉得难以和他进行沟通，因为他总是盯着别人的眼睛看，然后在几分钟之内，像开机关枪一样扫出一大堆的话。尤其是当他心血来潮，想要一整个下午都拉着别人听他讲话，很显然，几乎所有人都觉得这就像是在绑架。他们忍受不了杰喋喋不休的废话，忍受不了他那种自以为是的作风，还有就是他在说话或是做动作时，都像是在演戏，所有的动作都很夸张，表情也丰富得让人惊掉下巴。就连父母也认为他浑身都是“戏”，根本不够真诚。

有一次，不知谁开了一句玩笑：“既然他那么喜欢演戏，那么真该将他送去学习表演。”不明就里的父母根本搞不清楚儿子这种行为是因为疾病的原因，竟然真的天真地让儿子去附近的一家剧院工作。更加离奇的是，剧院的负责人第一次和杰沟通后，就立即被他那些夸张的表情和动作给吸引住了，于是答应在自己的剧作中给他一个角色，当然负责人是这样说的：“你会成为整部戏中的一个重要人物。”

在那之后，杰就稀里糊涂地进了剧院，并且在那里学习了半年的表演，当然在他自己看来这只是一份工作，而自己将在这份工作中扮演最重要的角色，换言之，他将会获得更大的成功，并且成为一个了不起的人物。

而事实上，由于天生就具备一些表演的天赋，以及长期以来的表演行为，他在剧场的表演中简直如鱼得水，尽管那些表演掺杂着一些自己的真实行为和表现，但观众也搞不清楚那些夸张的演技是他自己的真实状态，还是演出来的技巧。总之，杰获得了很大的成功，并且成为剧院里的台柱子，很多戏剧表演的角色深入人心，这也让他获得了更多的认可和赞美。更加重要的是，几年以后，当他脱下戏服，从剧场表演回归到正常生活中时，身边的人发现他不再像过去一样多话，言谈举止也变得和正常人差不多了。

在这个案例中，杰实际上是一个比较严重的表演型人格障碍的患者，而他之前所表现出来的一切行为都是不受意识控制的，他觉得这些都很正常，甚至从未意识到自己在表演。正因为如此，表演型人格障碍在治疗的过程中非常麻烦，而且常规的治疗方法并不见得十分有效，比如：医生在引导患者认识自己人格的缺陷时，可能会引起患者强烈的不满；或者说患者可能夸大自己的病情，挖一个坑让医生往里面跳。当医生要求患者进行情绪的合理控制时，患者也可能会利用出色的演技蒙混过关，这样不仅达不到治疗的效果，还会让患者的症状不断加重。

正因为如此，很多心理医生都会对表演型人格障碍感到束手无策，而一种名为“升华法”的治疗方法渐渐被更多的心理医生所运用。其实像杰这种进入剧院工作，进行正式的艺术表演，就是升华法的运用。

由于表演型人格障碍的患者通常都有一定的艺术表演才能，因此医生或者身边的家属完全可以将计就计，让他们把兴趣转移到表演艺术中去，使患者原有的淤积在体内的能量发散到表演中去并得到升华。治疗的原理其实很简单，就是放纵他们的表演天赋，既然许多艺术表演都有一定的夸张成分，那么患者完全可以利用自己的情感优势和表演优势成功融入到艺术表演中去，利用自己夸张的表情、动作和语言去打动观众。因此，表演型人格障碍的患者投身于表演艺术是一条很有效的自我完善之路。

另外，对于表演型人格障碍的患者来说，他们经常会被其他人所排斥，大家往往会试图去嘲笑患者的异常行为，并且坚持认为那些行为看起来很弱智、很假，而且很自以为是，而一旦围观者不是抱着欣赏的态度，而是采取讥讽的态度时，可能会惹怒对方，或者说促使患者做出更加夸张、更加冒险的举动，比如很多患者在受到刺激和否定之后，往往会加重自己的症状，他们不得不想办法继续提升自己诱惑他人的能力。而艺术表演实际上有助于患者的能力发挥，在艺术表演中，他们可以利用自身的优势获得更多的认可，这种认可会帮助他们更好地完善自己的情绪。

在心理疾病或者精神类疾病的治疗中，堵或者抑制的作用往往很小，而疏通和引导往往可以起到很好的功效，所以对于很多精神类疾病，与其想办法抑制对方的不正常行为，倒不如顺其自然，适当地对患者的行为进行引导，从而帮助患者在自身和社会中找到一个和谐共处的平衡点。表演型人格障碍的患者在接受治疗的时候，也适用于这些方法，当别人试图堵住他们的嘴，试图让他们保持正常的行为，可能会引起更强的反弹，他们的行为会变得更加荒谬。

当患者苦于找不到展示价值的良好平台，当患者苦于没有人关注自己的行动，当患者苦于别人不把自己的表演当回事的时候，艺术表演恰恰会成为拯救他们生活的一个最佳方式。虽然听起来有些不可思议，但是当患者可以用自己出色的演技带动剧情的发展时，所收获到的赞美以及对自身行为的深入认识都会帮助他们从那些不着调的高调表现中走出来。

第十二篇：

就喜欢走入死胡同的感觉——偏执型人格障碍

这个世界上还有什么人或者什么事情不值得怀疑吗？对于偏执型人格障碍的患者来说，答案就是“根本没有”。

“这世上还有我能相信的事吗？”

E先生是一个仓库管理员，平时工作总是兢兢业业，但却常常担心有人在背后陷害自己，比如偷走他的钥匙、拿走仓库里的货物，他甚至担心有人会在仓库里偷偷点火，所以他总是谨慎地对待任何一个进入仓库的人，并且时刻跟在后面，注意他们的一举一动。这样他和同事之间的关系变得很冷淡，大家都不喜欢E先生这种防贼的眼神。

但是这几天进入仓库的人越来越多，E先生开始担心有人对自己不利，尤其是自己的直接领导周先生，最近出入非常频繁，好像在监视自己一样，难道对方会觉得自己在监守自盗？这样的疑惑让E先生觉得很不爽。在下班后，周先生有时候也会站在门口送行，难道他还会派人在下班后跟踪自己，监视自己的生活？现在，E先生开始怀疑每天真的有人在背后观察自己了。

几个月之后，他突然辞掉了这份工作，尽管周先生一直在努力挽留，并且明确提出可以为E先生增加工资，但在E先生看来这只是对方试探自己的伎俩，自己是无论如何也不会上当的。

在这个案例中，E先生患有典型的偏执型人格障碍，这类疾病的患者往往不信任周边的环境，对周围的人和事保持着一定的警惕性，而且常常会表现出“你对我越好”“你和我越亲近”，那就证明了“你对我越是图谋不轨”。这种歪理通常是他们的拿手好戏，也是他们测量人际关系稳固与否的一个标准手段。那么为什么患者始终会用怀疑的眼神看待外界呢？为什么又总是把别人想得那么坏呢？这通常和患者个人的经历有关。

心理学家认为偏执型人格障碍的患者有一个很大的问题就是早年缺爱，而这几乎是所有此类患者的共性，可以说在童年时期，他们基本上处于爹不疼、妈不爱的状态，还常常受到各种打骂。由于长期活在一个不受信任和充满了否定的家庭环境中，他们会觉得自己的生活中只有一个大叉。一旦被人否定多了，反而会发生反弹，认为自己的一切都是对的，而不再相信别人的话。对患者来说，他们从小就失去了对权威的信任，也见识了那些掌权者的可怕。

多数患者处于一种绝对的防御状态，因为生活中所经历的一切都表明那些权威不值得太信任，他们也见识到了某些掌权者所造成的可怕影响，比如无缘无故将自己毒打一顿，指着自己的鼻子大骂一通蠢货，或者有事没事就一脚将自己踢开，他们还可以肆意发号施令，让自己干这干那，却总是吃力不讨好。

在那之后，这种记忆会逐渐侵入脑子，并且形成一个固定的影响：掌权者根本不值得信赖。他们对父母可能会产生抗拒和叛逆的心理，尽管这种想法可能仅仅停留在患者的潜意识之中。但是在日后的生活和工作中，这种思维会不时跳出来敲打一下他们的脑子，提醒他们做好防备。

为了消除这种不安全的感觉，很多人都会本能地寻找一个靠得住的领导或者保护者，但是在很多时候也同样会伴随着强烈的怀疑，并且有空就对权威指手画脚，提出批判。所以这些人通常面临着矛盾的处境：一方面不得不投靠某个强势的领导，并且下定决心要奉献自己的全部价值给那些注意保护自己的组织，比如学校、公司或者是教堂。但是另一方面，他们隐藏着的怀疑想法会一次次提醒他们在顺从的时候必须对权威保持警惕，以免重蹈覆辙。

在这种矛盾的思维下，患者在生活和工作的过程中往往会跑偏，基本上很难善始善终，因为一开始他们可能会尽量提醒自己应该表现得像一个最忠诚的奉献者，而且巴不得天天加班，巴不得为领导者贡献自己的一切，或者分担一切。但是一旦投入到具体的工作和行动当中去，情况就会慢慢发生变化，那些质疑的声音会不断敲打脑子，结果患者会对领导者的动机、目的、设计的方案等内容提出质疑。患者会动摇自己的忠诚度，并设想着如果有人也反对领导的想法，那么自己是否应该站在这些反对者的角度好好审核一番呢？随着工作的不断推进，这种质疑的想法会越来越强烈，最后工作可能会无限期地延迟下去。

事实上当患者越是依赖某个领导者或者相信某件事时，恰恰会产生更大的质疑，对他们来说，这些人或者事会激发出内心对权威的恐惧和不信任，他们的伤口会一点点被揭开，所以到最后他们仍旧会偏执地提醒自己：这件事也许并不像一开始想象的那样？

除了童年时代受到刺激之外，很多偏执型人格障碍的患者也会受到后天因素的影响。

比如很多人在后天不断遭受挫折，每天面对的都是失败、失败，还是失败，而这些接二连三的挫折会让他们对周围的一切产生怀疑，一旦刺激过于频繁，就会偏执地认为所有的一切都是不可信赖的。

有的人过分追求完美，虽然能力不强，但自我要求却很高，而这些高要求会与自身存在的缺陷产生激烈矛盾。当然，他们从来不会给自己抹黑，更不会打自己的脸，像他们从不愿意承认自己长得难看、才能不突出、性格不好一样。但是在潜意识中，他们是非常自卑的一群人。

还有一些患者由于处境不利，会因为周围环境的影响而产生激烈的反应，比如：有的人没有学历，所以巴不得那些高学历的人离自己远远的；有的人经济状况不好，就反感那些询问自己经济收入的问题；如果自己是个光棍，就害怕别人谈论起老婆和孩子。长此以往，就会产生偏执型人格障碍。

无论是什么原因造成的，偏执型人格障碍的患者都具有两个非常明显的特点：敏感和多疑。患者的注意力就像一台红外线扫描仪，他们不会放过任何一个角落里的细节，尤其是那些可能对自己产生危害的迹象。他们总是将眼睛瞪得很大，然后像猫一样竖起耳朵，然后对他人进行全身大扫描，哪怕是那些最不容易被人发现的面部细节，比如说当他们看见自己的领导面部出现一点小扭曲，或者嘴巴偶尔抽动了一下，他们可能就像考古学家发现了宝藏一样，觉得这些细节具有很大的研究价值，也值得花费精力好好探索一番，因此他们会立即调动自己的大脑进行最精密的分析，看看这些细节的背后到底隐藏着什么样的心理动机。

正因为如此，他们经常像猫头鹰一样，一动不动地盯着其他人看，生怕错过任何一个不被关注的细节，因为他们觉得任何一个细节都可能会给自己带来机会，或者带来厄运。他们不会放过任何一个分析他人心里想法的机会，而且确信自己值得这样做。

他们过分敏感，而且将多疑发挥到令人发指的地步，一块差点绊倒自己的西瓜皮，一个骚扰电话或者一次晚点的航班，他们会异想天开地认为某人针对自己进行了无礼的骚扰；看到平时不太来往的同事和其他人窃窃私语，他会觉得对方一定是在背后说自己的坏话。

有一位女士曾经向自己的朋友哭诉，她认为自己的同事每一次都故意穿着短袖上班，好将白皙光滑的手臂露出来，而且她确信对方之所以不穿正装上班，就是为了在自己面前炫耀自己的好皮肤，毕竟这位女士自己的肤色偏黑，而且肤质很差，黑色素沉淀比较多，还有很多疙瘩。正因为这件事，这位女士一连两个月都没有和自己的同事说过任何话，而且总是对对方保持强烈的敌意。

这样的猜疑看起来几乎毫无根据，而且也有点扯淡，至少很少有人会这样去想，毕竟正常人根本不会将别人的打扮和讥讽联想到一起。但是对于那些偏执型人格障碍的患者来说，他们的敏感多疑足够激发出内在强大的联想能力，并且使他们成为最具想象力的人。

总之，患者对周围的环境始终保持强烈的怀疑，即便他们偶尔会相信他人，但总是迫切地想要检查他人的内心，看看他们的真实想法到底是什么，看看对方是否具备什么企图，或者对方别有用心。

这个世界上还有什么人或者什么事情不值得怀疑吗？对于偏执型人格障碍的患者来说，答案就是“根本没有”。

神奇的“力比多定向机能”

偏执型人格障碍所表现出来的精神障碍就在于，一旦患者的大脑被某一个念头占据，他们就会不断对这个念头加以合理化，然后付诸行动，从而排除了另外一些或许更合理的念头对上述念头的制约、平衡的能力。就像父母一旦喜欢上小儿子之后，就会认为小儿子哪里都好，而乖巧懂事的大儿子可能就会遭受冷落。在念头不断得到强化之后，患者会完全陷入到一种极其狭隘的想法以及行动中去，不断提醒自己非这样做不可。

这种精神现象的产生和患者早年的生活经历有关，但实际上也源自人类身上本来就存在的一种叫作“力比多定向机能”的心理机能。

这种奇怪的心理机制其实形成于远古时代，由于远古时代，人类所能利用的工具非常有限，而生存环境非常恶劣，常常吃不饱穿不暖，加上周边还有大型猛兽出没，他们的生活常常陷入危机。为了解决危机，人类会故意摒除掉平时那些与解决危机无关的心理机能，简单来说，就是给自己壮胆，给自己增加信息，适当的时候也可以来点“阿Q精神”。

最明显的例子就是，当人类与其他部落或者猛兽发生冲突的时候，过度表现出人性化的一面会让他们对自己的处境感到恐惧，甚至丧失战斗力，这个时候，他们会主动屏蔽掉恐惧、仁慈、理性思考等人类固有的秉性，而陷入到一种纯动物性的人格状态。总而言之，他们会将自己当成一个战斗机器或者野兽来对待，毕竟那些对战斗起不了任何作用的人格，一旦出现在战场上，可能会害死自己。正因为如此，很多平时温文尔雅的人，到了战场上之后就会变成一个彻头彻尾的疯子或野兽，事实上，他们可能也不会意识到自己竟然还会那么残忍和暴力。

当人类遭遇危机和困境时，“力比多定向机能”就会自动跳出来发生作用，排除其他不相干的人格或者情绪。而这种心理机制在人体身上所体现出来的负面表现形式，其实就是所谓的“偏执”，他们会在选定某个信念之后，迅速将其他信念和想法一脚踢开，因此他们的大脑中往往只剩下某一个想法。

需要注意的是，力比多定向机能不仅仅对个体起作用，它还具有社会性和民族性。比如在鸦片战争之后，中国一下子就认清了自己与西方世界的差距，在民族危亡的紧急关头，很多爱国人士提出了向西方学习的口号，从而全面否定了中国的文化。这就是典型的力比多定向机能在起作用。

在很多时候，这种偏执能够带来很多优势，患者一般不会被那些形形色色的选择题蒙蔽眼睛或者搞得晕头转向，对他们来说，选择了A，那么B、C、D、E之类的选项就根本没有任何存在的必要。这种心理机制能够让他们更加专注和忠诚，并且下定决心要一条路走到黑（当然，他们一直认为自己选择的是光明大道）。由于足够专注，又没有其他选项跳出来干扰，患者很容易付诸实践，而这种强大的行动力会让他们获得意外的成功。就像很多一开始不被看好的爱情或者事业一样，那些下手快而且足够坚持的人，到最后有可能成为人生的赢家。不过，并非所有人都能够如此幸运，有些人不善于变通，总是固执己见，结果误入生活的陷阱，一次次在困境中苦苦挣扎。

对于“力比多定向机能”而言，这是非常霸道的心理机制，它会屏蔽其他方面的人格或者心理机制，驱除任何与主流想法无关的念想，会下达封杀令，将其他方面的想法完全封闭起来。从心理学的角度来说，它们会被打入天牢之中——潜意识。当然，这些杂七杂八的想法并不是什么省油的灯，它们同样不甘于被压迫和欺凌，同样希望掌控大脑的主导权，但是由于力量弱小，最终只能暂时躲在潜意识里，并且慢慢吸收能量，培植势力，并且时刻寻找机会出来犯上作乱。

它们将会趁“主导性人格”“打盹儿”的时候，趁机绕过心理防御机制，跑出来发挥破坏性或颠覆性作用。当那些原本被压制的附属人格或者无关紧要的人格背叛主导人格后，会想尽办法将主导人格从“主人”的位置上赶下去，而那些偏执的人可能会从成功一下子陷入失败和疯狂。对于那些因为偏执而获得成功的人，可能会被奉为英雄和伟大的人物，而那些失败的人就成为偏执型人格障碍的患者。

比如有个人在绘画方面具有很高的天赋，只要进行长期的培养和学习，一定可以达到很高的水平，不过这个人是个死脑筋，一门心思想要学习音乐，他觉得自己可以成为一个出色的钢琴大师或者小提琴手。但事实上他缺乏那种成为音乐领域精英或者大师的潜质，从未展示出这一方面的天赋。经过执着的练习和努力，这个人在音乐方面仍旧成绩平平，根本没有表现出任何吸引他人的地方。数年之后，他白白浪费了自己的绘画天赋，并且还在一些无意义的音乐工作上继续沉沦，他仍旧不听从劝告，执意要在音乐这条死胡同里凿开一个洞来。

偏执型人格障碍的患者通常会遭遇这种事情，他们通常意识不到所有的失败和自己无脑的偏执有关，也意识不到自己是否需要改变现状。而他们也几乎从不相信别人的指点或者劝说，对他们而言，外界的一切都是值得怀疑的，只有自己的感觉才值得依靠，因此他们会在怀疑外界的同时，对自己所做的决定忠贞不贰，但事实上，如果不加以引导，这些患者可能会离成功越来越远，而离精神病院越来越近。

从不认为这是一种病

患者：我这几天有些不舒服，我想我需要调节一下。

朋友：你能告诉我具体哪些地方不舒服吗？比如说哪里疼痛，或者什么部位出现了明显的病变？

患者：我也说不清楚，只是有些难受，你知道是怎么回事吗？

朋友：是这样啊，那么我觉得可能你应该去医院看看。

患者：去医院干什么，我只是有点不适。

朋友：我觉得你有必要接受更加仔细的检查，你的状态看起来不怎么好。

患者：状态不好？我觉得不会吧！

朋友：也许你应该听我的话，先去检查一遍。

患者：那么你觉得这是一种病？你看来不够了解我，这绝对不是一种病，我的身体自己最清楚。我现在不是好好的吗？

朋友：你看起来也不算太差，但只是稍做检查，我觉得那样会更好。

患者：你想要趁机将我扔到医院里去？想都别想，我知道自己的状况。

朋友：只是例行的检查，然后稍微治疗一下。

患者：不行，我压根就没有病，我的身体健康着呢？为什么你会认为我有病，为什么你觉得我的身体状态不好，现在看起来不好吗？

朋友：嗯……

患者：为什么，你觉得我看起来有病？

朋友：……

患者：为什么，你说一说为什么。

…………

这是很多偏执型人格障碍患者都会遇到的事情，尤其是当别人怀疑他们精神或者心理出现问题时，就会本能地予以反击，并且觉得对方只是在嘲讽自己，或者给自己设置一个陷阱。对于患者来说，他们看待事情的眼光非常独特，而且自带标准，即外人的一举一动都值得怀疑，而自己的一切表现都很正常。

即便他们偶尔觉得自己有什么不适，也很少求助于医生，如果配偶或同事劝说他们去接受治疗，他们多持否定或辩解的态度，觉得有人在陷害自己，使医生难以明辨真相。有时候患者也会出现一些动摇，尤其是当那些附属人格对主人格发起反击时，他们会出现暂时性的混乱。当他们遭遇失败的时候，同样会感到痛苦。为了让自己成功摆脱烦恼，他们偶尔愿意向外界寻求帮助，但别人的指导通常难以维持太久，因为患者的疑心病会很快发作，并且对任何试图劝说他的人产生怀疑和敌意，他们拒绝成为医院或者医生的常客，拒绝接受任何相关的治疗。

当然，患者可不像自己所辩解的那样，是一个健健康康、完全正常的“好公民”，如果将患者身上存在的特征和问题摆出来，就会知道患者遇到的问题有多么糟糕。

现在可以看看这些患者究竟都具备什么样的特征：

（1）表现固执、敏感多疑、过分警觉、心胸狭隘、好嫉妒。

（2）自我评价过高，总是觉得自己很重要，而且出现问题时会认为一切都是客观原因造成的，而不会从主观方面寻找错误。拒绝接受批评，对挫折和失败过分敏感，如受到质疑则出现争论、诡辩，甚至冲动攻击和好斗。很显然，他们在面对质疑的时候，通常只有一句话：“我没错，错的是你们。”

（3）出现某些超价观念和不安全、不愉快的感觉，缺乏幽默感。

（4）经常处于戒备和紧张状态之中，寻找怀疑偏见的根据，对他人的中性或善意的动作歪曲而采取敌意和藐视，对事态的前后关系缺乏正确评价。

这些缺点一列出来，想说这个人心理正常都很难。但在患者看来，这些都不是什么事，而且也都是正常表现。他们并未意识到自己身上发生了什么，并未意识到自己所表现出来的症状有什么问题。不仅如此，他们还拒绝其他人对自己的症状指手画脚，拒绝别人将自己划归为病人的行列，一旦外界认为他们有病，可能会惹怒他们，甚至挨上一顿胖揍。

心理医生曾经对很多偏执型人格障碍的患者进行调查，当其他人提到“看病”“疾病”“治疗”等词语的时候，患者会表现出不悦的神色。有的人觉得这是一种人格侮辱，只不过是消遣自己而已；有的人认为别人对自己居心叵测，想要让自己身败名裂；有的患者则会认为这是一个陷阱，他们甚至认为有人想要趁此机会将自己送入精神病院。

有个患者因为儿子不断提醒自己要去医院看病，就认定儿子想要将他送进精神病院，到时候就可以名正言顺地继承他的公司和财产，这种误会让他和儿子的关系剑拔弩张。一方面他排斥儿子任何合理的解释，并且认为对方矢口否认侵占财产的动机不过是陷害自己的一部分。另一方面，他并不认为自己的怀疑是错误的，更不认为自己有病，他坚定地相信自己的直觉，并且拒绝他人提出任何的质疑。

在外人看起来，这种过度敏感的反应和讳疾忌医的态度，简直让人无法理解。但这就是偏执型人格障碍患者的行为表现，他们向来都是用怀疑的眼光看待整个世界的，让他们死心塌地地对某一个人或者某件事付出自己的信任，那几乎不太可能。而他们所有的怀疑和自信都是建立在自己偏执的基础上的，一旦有人对这个基础提出质疑，就等于对患者赖以生存的评判系统产生动摇，所以在多数情况下，他们不会承认自己有病，不会认为自己的偏执、自己所表现出来的偏执行为是一种病态的表现。

这也是为什么很多偏执型人格障碍的患者难以得到及时治疗的重要原因，他们基本上都会保持一种排斥和抵抗的状态，并且拒绝任何形式的治疗。在诸多案例中，绝大部分的患者都不会前往医院进行救治，更鲜少有患者主动去医生那里检查。因为一旦他们认定自己的行为并没有什么值得大惊小怪的时候，就不会轻易做出妥协和让步。

所以，相比于其他精神疾病、心理疾病的治疗，偏执型人格障碍的患者更难对付，他们很容易对劝说自己接受治疗的家人、朋友以及医生产生敌意，并且表现出很强的排斥和抗拒情绪，而这又会让患者的症状不断加重。

引导患者去认识真实的自己

随着生活节奏的加快，职场的高速新陈代谢、婚姻破裂等情况不断增多，人们之间相互的信赖关系变得越来越淡薄，这也使得偏执型人格障碍的患者越来越多。而由于患者对周遭的一切持怀疑态度，因此在人际关系的处理上非常糟糕，几乎没有什么值得信赖的朋友，而且只会将人际关系搞得越来越糟，患者本人对此却没有什么知觉，也意识不到自己是否做错了。

一个正常人能够认识到自己的心理，也能够更为合理地操纵自己的行为，他们会想办法了解内心隐藏的动机，了解心理和行为上的缺陷。但这些对于偏执型人格障碍的患者来说，往往很难办到，他们可不会像正常人那样每日多次反省自己，告诉自己这里做得不对，那里做得不好，更不会认为一切的失败都是自己的偏执造成的。而患者拒绝承认自己有错，拒绝重建自己的自知力，这会让所有的治疗工作陷入停顿之中。

现在，对于心理医生来说，想要解开这些死结，最简单的做法就是让患者能够正确地了解自己，让他们获得认知上的自知力。正因为如此，心理医生认为治疗偏执型人格障碍的关键在于引导他们去认识真实的自己，让他们去看清楚自己内心真实的情况，去发现那些缺陷和不足，而不是一口咬定：“我很好”“我很健康”“我是对的”。同时也必须意识到这些症状会对自身的生活和工作造成不良的影响，会对自己的人际关系造成严重的损害。

这种自我认知能力的培养，并不仅仅在于了解自我，同时也在于自身情绪和情感的变化，也就是说患者必须懂得如何去纠正自己错误的感觉、错误的情绪以及错误的情感，而这些恰恰是自我认知疗法的关键。

不要把别人当成敌人

很多患者动不动就拿出一副“不认同我的，就是我的敌人”这种极端的情绪，朋友说了两句不中听的话，就恨不得立刻割袍断义，划清楚河汉界，还要撂下一句“老死不相往来”的狠话。这种态度通常很容易让人反感，最后身边的朋友可能都会被患者轰走。很多患者都会出现这样的情况：第一次，他们会将持有不同意见的同事从自己的朋友圈“开除”出去；第二次，他们会对那些忠言逆耳的朋友下狠手；第三次，患者开始对那些在耳边唠叨和劝说的家人失去耐性，他们似乎总有办法一步步让自己成为孤家寡人。

可以说，这种强烈的敌意是阻止患者进一步沟通，并从沟通中认识自我的最大障碍，从这一方面来说，他们必须调整自己的情绪，要避免陷入“敌对心理”的旋涡之中。比如出现分歧时，不要急着去做出激烈的反应，而要看看别人这么做究竟会产生什么影响。只有不断克制自己突如其来的敌对情绪，患者才有可能日久见人心，慢慢发现自己的确误解了其他人，而这种慢慢观察的好习惯会有效降低他们对反对者的敌意。

有个患者总是向心理医生抱怨被同事们针对，他们似乎总是发出噪声来羞辱自己，还经常做出扔水瓶的动作恐吓自己，当然他们从未真正动手。这时候，心理医生没有直接告诉患者：“既然没有人攻击你，那肯定是你想多了。”而是这样说：“是吗？我一开始还担心他们会攻击你呢？那他们的这种行为持续了多久，一年还是两年了？”

患者觉得大概有两年了，还认为这些行为对自己构成了很大的困扰，也让自己变得更容易发火。心理医生听完之后，劝说患者先不妨换一种方式应对这些骚扰，毕竟这么长一段时间以来，对方几乎什么也没做，而患者只能在家生闷气，导致家庭关系紧张。既然如此，还不如暂时放下这件事，寻找一种更为合理的思考方法，比如对方也许只是希望引起患者的兴趣，或者这只是一些无关痛痒的恶作剧。既然如此，就没有必要为这样的小事情大动干戈。

尊重要发自内心

偏执型人格障碍的患者通常都只是把目光放在自己的身上，无论是说什么做什么，都认为自己是对的，并且对反对者嗤之以鼻。所以很大的一个问题就是不懂得尊重人，事实上他们可能根本不知道“尊重”为何物，而这种自大的、不礼貌的行为可能会一步步让他们变得更加“面目可憎”，而且症状也会不断加重。因此，为了让自己及时从偏执中逃离出来，首先就要懂得尊重别人，这种尊重并不是对帮助自己的人说一句无关轻重的“谢谢”，而应该从内心深处真正接纳对方。只有懂得尊重别人，他们才会愿意从自己身上分散目光，才愿意给予外界更多的肯定。

忍让是生活的第一要诀

对于偏执型人格障碍的患者来说，忍让是最痛苦的事情，实际上，他们从来不会让反对或伤害自己的人有好果子吃，他们总是像刺猬一样立起全身的刺，然后一不高兴就冲入人群中伺机报复一番。对他们来说，像《圣经》中所说的那样“当人打你的左脸时，你就应该伸出你的右脸”，是完全不可接受的。但是为了治疗偏执型人格障碍，从现在开始，他们必须做出改变，必须懂得忍让，而不是一把肝火就把自己的大脑烧得稀里糊涂。

对于偏执型人格障碍的患者来说，必须想办法改变自己以往的思维模式，不要总是用充满怀疑的、敌意的眼神去看待其他人，不要总是将其他事情想得太糟糕，他们需要意识到自己适合做什么，需要意识到自己怎样去做，才能更好地适应周边的环境，也才能够更好地获得他人的认可。

第十三篇：

沙盘里的小心脏——焦虑症

焦虑症是一种以焦虑为主要特征的神经症。对于焦虑症患者来说，他们所做的事情就是经常自己吓自己，对一些潜在的危险感到过分担忧。

总有不好的事情将要发生

美国心理学家艾丽娅有一次坐长途车去华盛顿，开车的是一个老司机，名字叫托德，据说已经在客运站工作了将近30年，因此对于路况和行驶非常在行。当汽车启动之后，艾丽娅就发现这个老司机似乎异常谨慎，经常停停走走。比如在到达转弯处和十字路口之前，他就会将速度降到很低，就像步行走路一样。而每行驶一段路之后，托德会突然停下来，然后下车去检查一下轮胎，因为他总是觉得轮胎有些松动，可能会跑出来，但实际上轮胎上的螺丝根本没有任何松动的迹象。

不仅如此，托德一次次透过后视窗查看后面是否有车子跟着，就像担心对方随时会撞上来一样。很显然，这种担忧显得有些多余，因为多数时候，后面根本没有离得很近的车子。艾丽娅与托德进行了交谈，发现对方过分担忧出现什么交通事故，甚至还担心不远处机场里起飞的飞机会突然砸在车上，事实上她一开始以为对方患有强迫症，但在聊天之后，她意识到事情并没有那么简单，托德之所以经常检查轮胎和观看后视镜，并非一个单纯的强迫性行为，而是一种焦虑症，托德总是担心自己的车子会出事故，并小心查看，这就是焦虑症在作祟。

焦虑症是一种以焦虑为主要特征的神经症。对于焦虑症患者来说，他们所做的事情就是经常自己吓自己，对一些潜在的危险感到过分担忧。他们总是觉得将会发生一些不好的事情，而实际上却又没有任何依据可以证明这些危险是存在的，一切都是患者自己强烈的直觉在起作用。

比如参加聚会时，总是会担心有人在聚会上给自己难堪，比如有人对自己的衣着评头论足、指指点点，或者奚落自己的发型和手表；开车出行时，担心路面拥堵，可能会在公路上耗上几个小时；害怕交友，担心对方可能会看不起自己，或者将自己的缺点奚落一番；在农场里散步时，他们会担心有一头莽撞的牛会突然把自己撞翻在地；如果自己长时间拨不通某人的电话，会在头脑中闪过无数个“对方出事了”的画面。

即便这些让他们焦虑的事情到最后一件也没有发生，他们仍旧会在下一次为另外一件事情而感到没来由的担心。事实上，他们就是控制不住自己内心的担忧和紧张，就是容易胡思乱想，并且尽可能地把事情往坏的方面去想。一般情况下，人们都会产生紧张或者害怕的情绪，适当的害怕是正常的，但和一般的担忧或者紧张不安不同的是，焦虑症患者更容易产生不好的幻想，比如很多人因为孩子成绩不好而担心他们在高考中承受巨大的压力，以至于考场失利；但焦虑症的患者可能会产生这样的想法：“我孩子成绩不错，但是他会不会突然从楼梯上摔下来弄伤自己？”或者“他可能会在考前的某一天吃坏东西，然后拉肚子拉上几天。”

患者可能会针对某些现实问题，做出夸张的或者不符合现实情况的猜测，有时候则是没有任何对象，且毫无根据地盲目担惊受怕。通常来说，这些焦虑症可能会出现在身体健康的直觉上。比如患者睡到半夜会突然害怕自己明天早上起来无法小便，或者会担心自己一觉睡醒之后，会突然发现自己少了几颗牙齿。而有时候身体部位的某些不适症状，比如出现心慌、胸闷、气喘或者疼痛反应，就会被他们解读为“是否患了癌症”“是否时日无多”。

这种过度敏感引发的夸张性的焦虑往往会让患者长期处于紧张不安的环境中，对于患者来说，他们的脑子里就像被安装了一个警报器一样，他们莫名其妙就会触发这个警报，然后脑子里产生一大堆不好的事情，哪怕这一刻明明还是生活阳光灿烂，他们也同样会担心下一秒钟会阴云密布。对他们来说，生活处处充满意外、处处都有陷阱、处处充满悲观。

而由于总是对未来生活抱有不祥的预感，这导致他们的情绪非常不稳定，而且也影响了人际关系的处理。比如焦虑症的患者通常没有什么朋友，也不擅长结交朋友。一方面，他们会突然心血来潮地担心自己被对方嘲笑，会被对方轻视；另一方面，他们的奇怪脾气和一惊一乍的恐慌表现也让人难以接受，没有多少人愿意和那些成天担心被牛撞、被电线杆砸，或者担心自己身体生了病的人待在一起。

除此之外，焦虑症患者的家庭关系往往也非常糟糕，由于他们经常想东想西，全是一些负面的想法和负面的情绪，看待问题常常非常悲观，而对于事情的焦虑又常常会让他们变得焦躁不安，这样就免不了要和家里人争吵、拌嘴，然后对什么事情都看不顺眼。

焦虑症的自我诊断

也许很多人自认为心态很好，自认为是一个乐天派，而且不会为一些没来由的事情胡思乱想。但这样的结论显然下得有点早了，或者说他们并未意识到自己身上存在的糟糕情况。事实上，有关焦虑症的情况可能远远没有我们想象的那样乐观，或者说当我们批评别人总是喜欢为一些不着调的东西焦虑时，也许会在不经意间吐槽自己。

心理卫生学院此前出版过一本《焦虑的出口》，这本书中就有一个令人感到震惊的数据：全球每四个人当中，就有一个人在某一阶段患上焦虑症，比如孕妇会在生产之前患上焦虑症，孩子会在中考和高考前患上焦虑症，工作者会在连夜加班或者晋升的节骨眼上产生焦虑症，有些人则会在身体健康出现问题时开始胡思乱想。四分之一可不是一个小数据，对很多人来说，他们也许应该经常照照镜子，看看自己是不是其中之一。

在欧洲，即便是排除那些由于突变时造成的心理创伤，大约有12%的人承认自己曾在某一阶段出现了长达12个月的焦虑症，这给患者的生活造成了很大的负面影响。很多人就是在这12个月当中出现了人生剧变，比如脾气变得更坏了、和爱人直接分手、家庭破裂、友情破裂、失去工作、失去自信心。

尽管还没有哪个权威机构站出来说，焦虑症已经成为“社交关系的定时炸弹”“婚姻关系的杀手”或者“事业的破坏者”，但是它的确已经显示出了那种破坏的倾向，而且也的确对患者的生活和工作带来了很多负面的影响。

既然焦虑症比较常见，而且杀伤力不容小觑，那么平时一定要注意防范，每个人都要及时检查自己，看看自己有没有可能已经被这种精神疾病盯上了。那么普通人该如何进行自检呢？该如何来辨别和判断自己是否患有焦虑症？

通常情况下，焦虑症的自我诊断需要看症状：

（1）情绪恶劣

焦虑是一种情绪状态，因此想要看看自己是否有焦虑症，最简单的办法就是观看自己的情绪变化。对于患有焦虑症的人来说，情绪会如实交代真实的情况，即便有所掩饰，情绪也会出卖患者真实的精神状况。事实上，如果我们经常出现害怕、提心吊胆、忐忑不安、六神无主，甚至是恐惧的情绪，或者说持续性地出现莫名的害怕、担忧、紧张心理，那么有可能已经被焦虑症附身了。

而在这样的情绪表现下，患者会产生一种期待性的危险感，总是觉得即将发生什么不好的事情，这种强烈的、不祥的预感可能会导致患者出现抑郁情绪，接下来，他们就会发现生活变得乏味无趣。而患者的情绪也会发生变化，在焦虑和恐惧的同时，更容易激动、发怒，动不动就和家里人大吵一架。

有个患者曾经因为工作问题，在长达两年的时间里一直被焦虑症困扰，所以在他的日记本里，通常开篇的第一句话就是："今天的心情糟糕透了，我和×××发生了争吵。"在两年时间里，他所写的700多篇日记中，基本内容都是"谁惹我生气""我和谁争吵""我感到害怕和无助""这种该死的日子还要持续多久"等。仅有的几次开心经历，还是因为和孩子们一起出游，或者是喝得酩酊大醉。

（2）担心未来

对于焦虑症患者来说，他们无论有没有受到刺激，无论有没有在现实生活中遭到打击，都会将注意力转移到未来的事情上去，对他们来说未来就是一个无法预知的大怪物，那里面住着种种厄运和灾难。患者总是希望跑到时间的前面去看看到底会发生什么倒霉的事情，也会忍不住去担心未来时间里正在等待着捕获自己的陷阱和危险。在他们的大脑中，总是有一个无法描述，或者一个可以被描述但并没有被意识到的危险正在靠近。比如，某一天早上起来，他们就会担心不多久自己的身体会出现问题、亲人们可能会遭逢厄运、家里的财产会在一场大火中烧掉。如果说未来是一个潘多拉盒，那么在患者看来，打开这个盒子之后，出现的一定是妖魔鬼怪，一定是各种灾害和瘟疫。

比如有个患者在39岁的时候突然开始担心自己在45岁左右（连时间也这么准确，真是比算命的还要准）可能会患上癌症，所以每天都忧心忡忡，食不下咽。结果到了44岁之后，他开始放弃任何社交活动，也不去医院看病，每天都将自己关在家里等死，当然直到46岁，他也依然健健康康，除了一身皮包骨头。

对于患者来说，他们活在现实当中，却操着未来的心，他们不愿意相信现实，因此总是想一些和现实完全不符合的怪事，并且对未来的生活感到恐慌和无所适从，而这恰恰是焦虑症的一个典型症状。

（3）夸大事实

焦虑症患者对于生活的恐惧已经深入骨髓，任何一个微小的细节在他们眼中看来，都可能是一个炸弹，事实上某些事情根本不可能产生危害，或者说不具备产生太大危害的先决条件，但是患者会夸大事实甚至是无中生有，非常牵强地将这些小事描述成为一个足够造成巨大伤害的事件。

从科学的角度来分析，那些焦虑和担忧只能用两个字来形容：胡扯。但对于患者来说，他们不会放过任何一个可能对自己带来威胁的东西或者微小细节。比如很多患者会担心马路上的一条缝隙突然裂开大口子；会担心电脑在错误的操作过程中突然爆炸；会担心门口的马蜂窝里有一天飞出几百万只杀人蜂来。

在患者看来，有没有事实根据，或者事实根据可不可靠，根本不重要，他们就是喜欢把简单的问题复杂化，将不起眼的小困难放大，将一些微不足道的小问题想象成一个大灾难，因为只有这样，他们才会发现自己操心是值得的。

（4）躯体不适

虽然焦虑症会对人的精神产生影响，但是时间一久，往往也会祸及身体。所以很多患有焦虑症的人会出现躯体不适症状：胸闷气短、心跳加速、失眠烦躁、老眼昏花、脸色发白、食欲减退、全身乏力等。这些症状会反过来增加患者的生活和工作负担，从而加重患者的焦虑情绪，最后形成一个恶性循环，即：越是焦虑，身体越不舒服；而身体越是不舒服，焦虑症状越容易加重。

（5）身体不能放松

焦虑症患者的精神往往很紧张，而这种紧张会像瘟疫一样传染给他们的身体，因此患者往往会出现全身紧张的情况，其面部的肌肉和皮肤往往绷得很紧，眉头也都挤成一团。此外，他们还会着了魔一样，突然坐立不安、来回走动，甚至不由自主地来回奔跑，并伴随着身体震颤和抖动的现象。这些反常的现象都证明了患者根本无法像正常人一样保持放松，而且会本能地做出一些紧张的举动。

只要具有以上五个症状，或者其中的一部分症状比较明显，那么很有可能正被焦虑症所困扰，那么患者绝对不能掉以轻心，而应该尽早想办法缓解和解除这些症状的困扰，争取让自己保持一个更加放松的心理状态。

提醒自己这些并不可怕

随着生活节奏不断加快，生活压力和工作压力几乎让人喘不过气来，所以才一下子蹦出了很多焦虑症，只要用手指头稍微数数，就能一下子集中蹦出好几个名目来：高考焦虑症、堵车焦虑症、送礼焦虑症、生孩子焦虑症、面试焦虑症、健康焦虑症，有的人还会因为担心自己家的狗被邻居家的狗欺负而产生焦虑，从某种程度上来说，焦虑症可能真的是无孔不入、阴魂不散。

现在问题可以回到起点：人为什么会焦虑？对于患者来说，焦虑的出发点就是因为担心会有不好的事情发生，实际上他们一直都对已经存在的问题感到不放心，对一些没有任何根据和征兆的事情也会瞎操心，他们还乐于在幻想中给自己制造紧张情绪和心理负担，对他们来说，如果生活中哪一天没有了值得自己去担心的事情，那才是真正的可怕。

由于对生活一些已知的和未知的事情充满了恐慌心理，他们总是心事重重，也总爱把自己的处境想得一团糟糕。这就是焦虑症的症结所在，也是治疗的关键，简单来说，就是要让患者意识到他们所担心的事情根本不存在或者不会发生，他们所认为的那些灾难性事件其实根本不可怕。

患者N女士总是害怕小区楼层的阳台会突然掉下来，所以站在楼下都非常紧张，从来不敢多做停留，有时候则心惊胆战地看着各层楼房的阳台发呆。因为这种怪异的想法，她现在几乎很少在自家阳台久留，并且抱怨丈夫当初为什么要买一个带阳台的套间。自然而然，事后她自己也感到苦恼和痛苦。

丈夫根本不知道妻子到底出了什么问题，更不知道为什么突然之间她会对阳台产生这样的“深仇大恨”，甚至拒绝去阳台上过多地走动。所以他只好带着妻子去心理医生那儿求助。心理医生很少看见这样的案例，除了那些因为阳台真的掉落而产生心理阴影的患者，一般人很少会和阳台过不去，将阳台想象成一个罪恶之源。

不过，医生在了解病情后，开出了一剂“药方”：每天都站在小区的阳台底下半个小时，而在这半个小时之中，患者不能借故离开。在治疗初期，N女士显得非常紧张，总是抬着头往上看，而丈夫为了帮助她，也只好每天都陪着她一起站着。几个月之后，N女士渐渐发现自己对阳台不再那么恐惧了，而事实也证明了这些阳台从未掉下来过。

其实这个心理医生的做法就是一种暴露法，即让患者直接暴露在自己害怕的东西面前，通过长时间的面对和接触，让患者慢慢意识到自己所面对的东西其实并不可怕，而他们所担心的那些灾难性事件也绝对不会发生。对于焦虑症患者来说，暴露法是一个比较简单粗暴，但是功效十足的好方法。这种方法的最大用处就是让患者自己去面对、去了解事实的真相，然后给自己吃下一颗定心丸。显然，别人说阳台不会掉下来也许并不值得深信，只有当患者亲自验证阳台真的不会掉下来时，他们才会真的消除心里的戒备。

除了这种暴露法之外，医生也可以培养患者的自我暗示能力，一旦患者感到焦虑的时候，引导他们及时给出更加积极的心理暗示，并通过这些暗示来压制内心的焦虑。其中最常见的心理暗示方法就是自信和乐观。

所谓自信，是指当症状出现时，最好就是提醒自己“我能行”“我可以完成的”，当患者给自己灌下自信的汤药后，慢慢就会对自身的能力产生信心，从而有效缓解焦虑症的症状。通常情况下，焦虑症的患者会胡思乱想，将问题想得很糟糕，将形势分析得很坏，对他们来说，即将发生的事情往往是自己做不到的，是自己控制不了的。如果他们能够保持更多的自信，那么问题也就不再成为问题了，所有的焦虑也就烟消云散。

有个患者在面试之前，连续好几天都担惊受怕，因为他总是担心面试官会刁难自己，他甚至还担心面试官会是自己曾经得罪过的某个人，或者是某一个曾经一直折磨自己罚站的小学老师。事实上，这个患者的履历足够光鲜，还是名牌大学毕业，却还是忍不住为自己的前程担心。

对于这种焦虑症的患者来说，心理医生的建议通常是让他们给自己的“信心槽”中注入更多的能量，然后不断暗示自己能力出众、经验丰富，一定可以赢得面试官的欢心；或者提醒自己这不过是一次小小的面试，自己完全可以应付过来，以前比这更加复杂的局面，也不在话下。通过这种自信的不断强化，患者会变得越来越强大，而困难则会被压得越来越小，越来越微不足道。

如果说自信给人以力量，那么乐观就会给人以阳光，由于焦虑症的患者通常都保持负面的情绪和心态，因此很容易被这些负面心理所困扰。如果患者想要让自己对即将发生的事情不那么担心和焦虑，显然就需要保持乐观心态，多想一想自己曾经的辉煌经历，多灌输一些心灵鸡汤，当乐观情绪占据整个心灵时，焦虑症也就没有了落脚之处。

乐观的人总是会这样提醒和暗示自己：事情只会变得越来越好，他们对未来有着非常美好的期待，这一点和焦虑症患者平时把未来贬得一无是处的恐惧心理完全不同，因此完全可以有效克制对未来事件的胡思乱想。

比如当患者的发言被老板否定之后，可能会无端地认为老板第二天就要开除自己，或者在不久之后要给他一点颜色瞧瞧，这种恐慌心理可能会一直折磨患者。但是如果患者善于用乐观的心态看待这件事，那么结果可能会是另外一个版本："也许老板会认为我是一个敢于提出反对意见的人，也会觉得我没有拍马屁而重用我。"

对于焦虑症的患者来说，消极的心理暗示会让他们丧失最基本的判断力，并且将自己推入火坑中，因此需要更加积极的心理来克制这一切，以确保所有的负面心理因素被及时清除出大脑。

在积极的心理暗示中，患者有时候更需要先放松自己，这样才能保证获得最佳的心理状态和精神状态。正因为如此，在焦虑症发作的时候，患者有时候迫切地需要幻想出一片阳光普照的海滩，然后自己则躺在沙滩上享受着和煦的日光、凉爽的海风，以及海鸟惬意的声音。而通过幻想，患者就不会再在那些惹人厌烦的事情上钻牛角尖了。

第十四篇：

我们是世界上最出类拔萃的——自恋型人格障碍

一切就像是刻意安排好的一样，在他们的大脑中能够一下子闪现出几百甚至几千个幸福的画面，这些画面的出现几乎不需要任何理由，也不需要经过刻意的提醒，一切似乎就是冲着他们去的。

“我的人生就是这么美好”

前面我们提到了焦虑症患者，他们是一群容易紧张不安的人，就像那些土拨鼠一样，稍微一点响动都会让他们感到心慌意乱。但有一种人恰恰相反，他们看上去从来不会表现出焦虑、紧张的情绪，他们是天生的乐天派，总是信心满满，可以说具备了世界上最乐观的世界观，正因为如此，他们总是对未来雄心勃勃，会幻想获得最好的机会和最令人满意的生活，而不是像焦虑症患者一样对未来感到恐惧。他们每天都带着自信乐观的笑脸，或许都不知道为了生活而紧张究竟是怎样一种体验。

这种与焦虑症截然相反的症状，实际上就是自恋型人格障碍，患者表面上根本不会因为某些事情而焦虑不安，更不会对即将发生的事情持悲观态度，因为无论何时何地，他们都是强大的幻想家，都对未来生活充满了无限的热情，尤其是对无限的成功、权力、荣誉、美丽或理想爱情心存非分之想。

在谈到爱情的时候，他们就会认为对方一定百分之百喜欢上自己，而且会对自己迷恋得难以自拔；如果想要工作，他们一定会觉得老板会喜欢自己，而且必定会委以重任；如果自己准备与他人竞争某个职位，他们会觉得自己会成为最后的赢家，掌控更多更大的权力。无论如何，他们都对将来的一切信心满满，总是觉得那一切都很美好，而且唾手可得。

他们不喜欢为一些小事情担心，也不会对将来保持悲观的态度，对他们来说，生活的一切都是自己可以轻松抓住的，都是自己可以轻易去把握的。如果说上帝制造了那些美好的东西是为了满足人类的欲望，那么他们必定会觉得上帝这么做大概就是在贿赂他们。

一切就像是刻意安排好的一样，在他们的大脑中能够一下子闪现出几百甚至几千个幸福的画面，这些画面的出现几乎不需要任何理由，也不需要经过刻意的提醒，一切似乎就是冲着他们去的。正因为如此，在很多时候，他们都显得从容不迫，无论是出现在什么场合，他们的脸上始终保持微笑，看上去非常轻松，似乎将自己所要面对的事情完全掌控在手心里。

这种乐观自信在人际交往方面尤其突出，他们根本不担心别人会对自己产生不良好的感觉，也不像焦虑症患者或者偏执型人格障碍的患者那样敏感多疑，对他们来说，自己只要出现在他人面前，就会赢得所有人的关注。正因为如此，他们甚至不必担心自己将要说点什么，也不会为自己将要穿点什么而担心，更不会担心自己可能会遭到他人的反对和排斥。

有时候，他们会在公众场合突然和那些陌生人打招呼，然后进行更加深入的交流，因为他们意识到对方想要和自己愉快地交流。这种感觉几乎毫无根据，但是他们几乎从来不担心对方会发火或者出现反感情绪。

对患者来说，他们始终都是保持自我感觉良好的状态，并且给别人释放的信号也是“我的人生就是那么美妙幸福”，这种自信和乐观有时候是没来由的。比如患者从未有过工作经验，也没有展示出专业方面的天赋或潜能，但是只要提及工作，他们往往会抱有很高的期望，甚至渴望成为工作团队中最出色的那一位；患者有时候会在生活中遭遇一些从未遇到过的困境，或者面临一些比较棘手的问题，不过他们总是向别人打包票自己可以轻而易举渡过难关。甚至于当局势恶化到不可挽回的地步时，他们也仍旧会说未来的形势会慢慢好转。

有家公司人才招聘的负责人曾经说过一件非常有趣的事情，有一次，他面试了一位来自上海的大学生，对方刚刚从学校毕业，根本没有任何工作经验，不过即便是这样，对方竟然在自己的履历表上写了一大段有关未来工作状态的话：工作半年之后，我就会引起部门主管的注意；一年之后，我会成为所有新人中最受关注的那一个；第二年，我会获得更多的重用，并且开始负责某些小项目；在第三年，我会获得晋升，并且迅速成为部门内的核心领导……到了第五年，我会尝试着进入高层。

看到这一大串白日梦一样的幻想和期望，负责人有些摸不着头脑，虽然对方有目标是好的，但是对于一个从未展示过自身能力，也从未有过类似经验的人来说，成功可不是口头上的愿望或者某种不切合实际的幻想。事实证明了这一点，这个学生在实习期间，虽然并没有将所有的工作都搞得一团糟，但是成绩的确不尽如人意。

如果对整件事进行分析，就会发现这个学生或许拥有严重的自恋倾向，或者就是自恋型人格障碍的患者，对他来说，自己从未遭遇过什么工作困难，因此非常愿意将自己的处境描述得更好一些，也期待着自己会获得好运。

这种过分的自信和乐观往往让人觉得很无语，正因为如此，很多人认为他们有时候就像是在薄冰上翩翩起舞的小天鹅，似乎从不担心脚底的冰层忽然裂开，并且相信自己可以改变一切，让所有的东西回归到正轨，因为“这就是他们生活的本来面目”，就是“他们应该享受到的生活”。

他们往往缺乏自我认知的能力，不能准确评价自己，也无法认清形势，凡事都以自己的幻想为中心，将问题进一步简化、理想化，认为只要是和自己有关的事情，一定会向着好的方面发展，并且确信自己拥有这种主导局势发展的能力。

对于很多自恋型人格障碍的患者来说，他们往往会列出自己心中的目标或者愿望，这些愿望往往与他们个人的能力、状态、条件不相符合，甚至明显超出了个人所能达到的成就的上限。比如患者明明一无所有，或者硬性条件不够格，但他们仍旧愿意相信自己会成为大企业家、伟大的科学家，或者其他什么伟大的角色，他们会做出很多常人做不到的事。而重要的是，这些愿望是一定会实现的，似乎也只有他们自己有机会去实现它们。

“这个世界上最重要的人，应该就是我”

对于自恋型人格障碍患者来说，他们超强的自信和乐观的确让人觉得不可思议，但是这些自信和乐观的态度也并不是毫无缘由的，其根源在于他们拥有最强大的力量和最重要的社会地位，这些当然是他们自己主观上的认知。

事实上，自恋型人格障碍的患者始终坚信自己是出类拔萃的，甚至觉得自己是群体之中最重要也最不可忽视的力量，他们确信自己的存在就是为了吸引别人的关注，就是为了让所有人围着自己转。在古希腊的神话故事中，有一位英俊的少年叫纳喀索斯。有一天，他在水中发现了自己的影子，竟然对这个影子一见倾心，此后再也无心恋及他人他事，每天徘徊在水边看着自己的影子恋恋不舍、不忍离去，最后憔悴而死。现实生活中虽然不可能发生这种事，但自恋型人格障碍的患者同样会拥有比较极端的自恋倾向。

从某种程度上来说，他们是最具理想主义的幻想家，按照他们的定位，自己的荣誉簿上至少应该有以下几种优势：足够大的权力、高人一等的颜值、无可比拟的能力，以及高端的品位。所以按照事先设定好的剧本来走，他们应该具备超强的影响力，让人无法拒绝的魅力以及吸引力，他们就像自带光环一样，无论走到哪儿，都会很快引来阵阵欢呼。尤其是在男女关系中，他们觉得自己就是情圣，只要一站在那儿，所有的异性都会像蜜蜂扑向花朵一样，将自己围在中间。

患者会觉得自己应该享受生活中最美好的一切，也能够做到自己想要做到的一切，为此他们非常乐意给自己安上一个“冒险家”的头衔，似乎只有这样才符合自己的能力和价值，才能衬托出他们内心的强大，也才能显示出他们挑战生活极限，追求更高品质生活的决心。

作为极度主观且被自身想法冲到头脑发昏的自恋狂，他们会将身上的任何一个特点进行无限夸大，并特别强调。就像自己的鼻子一样，挺拔的鼻子会被他们认为是英俊威猛的象征，扁平的鼻子会被当作是秀气的表现。假使有可能的话，他们还愿意让别人欣赏一下他们的脚指头，并且会对自己的脚指头有一番精彩的说道。事实上，他们从不会放过任何一个夸耀自己的机会，并且巴不得像孔雀一样展开尾巴在别人面前走上几圈。

由于觉得自己在任何一方面都是出类拔萃的，由于觉得自己是最优秀的那一类人，他们对自己的重要性几乎有着病态的执着。他们觉得所有的会议都应该采纳自己的建议，认为自己的话应该成为别人遵守的准则，认为饭店里最好的桌子或停车场里最好的位置都应该为他们而留。在他们看来，自己就是舞台上的主角，就是一部小说中的核心人物，只要自己缺席了，那么所有的故事情节都会就此打乱。

只要一有机会，他们就会在公共场合、会议上，或者私底下这样告诉那些倾听者，“我是一个很特别的人，我的能力无与伦比”；有时候甚至非常直白地宣称，“我比在座的任何人都要更加优秀”。

X先生是一位银行投资家，在很多人看来，他事业有成，相貌也还算出众，重要的是他的口才不错，幽默感十足，让人觉得是一个很有智慧和修养的人。不过在X先生看来，自己所获得的成就以及称赞应该远不止于此，他觉得自己远比当前所获得的名声更好。在很多私人场合，他更喜欢将自己描述成为最出色的银行投资家，而不仅仅是获得一个“银行投资家”的头衔，他认为像摩根银行或者花旗银行高管的职位才配得上自己的能力。

他热衷于谈论自己的交易，尽管那些交易平淡无奇，但他却绘声绘色地将自己描述成为一个具有出众胆识和谋略的超级投资家，他还幻想着下一次投资一个更庞大、更冒险的项目，而这些对他来说同样不会造成多大的麻烦和压力。偶尔，他还会对自己的着装打扮以及发型进行评价，并且认为在这一方面具有天生的审美能力，而其他人离自己的品位要差得很远。

如果别人对他的称赞不够猛烈，或者对他的描述显得有些冷淡，他会表现得很生气，甚至无情地对待对方，并且发誓要找一点机会报复这些“不识货”的人。一旦别人试图转换话题，或者提出一个完全和自己无关的话题，X先生就会变得很冷淡，而且长时间保持沉默，最后以泡杯咖啡或者上厕所为由直接开溜。对他来说，自己的一切都值得别人赞美，自己的一切都值得大书特书。

这是一个自恋型人格障碍的典型症状，患者往往会真正将“自恋”演绎到了“忘我”的境界，他们在生活和工作中会重复地宣扬自己，并且乐于和那些懂得欣赏自己，或者能够安安静静听自己说话的人交往。对他们来说，让自己光辉的形象被更多人认知，让自己获得更多的肯定，这就是他们存在的价值和意义。

当然，每件事物都有它的双面性，他们的阴暗面很容易在这种乐观、积极、狂妄的特质受到阻碍之后迅速显现出来。他们希望能够得到更多人的认同，并且努力让这些理想照进现实，可是一旦无法让这种理想的状态在现实中实现，这个时候心态就会发生扭曲，并且让他们产生强烈的不满。比如开会时没有人叫他，或者自己的提议被人忽略，都会让他们感到自己被人忽视了。甚至于泡咖啡的时候，他排在别人的后面，都会被认为是他人对自己地位的嫉妒和不尊重。

尽管他们自诩为最优秀的人，而且总是信心满满，乐观无敌，但实际上他们的自尊就像一个蛋壳，只要轻轻一敲就会破开一个大洞。正是因为如此，他们才会过分关心别人的评价，要求别人持续地给予注意和赞美，而对于外界的批评则感到愤怒和羞辱，当然，为了保持自己的风度，还不得不以冷淡的表情和无动于衷的反应来掩饰。

在那之后，自我欺骗的效应会变得越来越严重，并且会有意无意地表现出这样的态度："我就高兴我是我，只是你们不识货"。在服下这颗"毒药"之后，他们会习惯性地将问题归结到其他人身上，并且将自己不成功、不受重视之类的情况，视为外在的干扰引起的，他们会不断暗示自己有多么出色，然后成功地逃避自己在某些失误中应承担的责任。因此不会主动去改变自己，也不会主动去付出更多的努力进行自我提升。

有时候，他们会遇到比自己更成功、更出色的人，就会本能地产生强烈的嫉妒心。他们不仅会在背后诋毁对方，还会想尽办法挖掘对方身上的缺点，然后用作心理安慰。正因为如此，自恋型人格障碍的患者往往具有严重的社交障碍，尽管他们自以为是"万人迷"，且能够搞定所有的人，但实际上他们总是会将人际关系搞砸。

一方面是因为他们总是觉得自己高人一等，结果无形中就将其他人贬低了一两个档次。很显然，没有人会乐于在一个失衡的环境中与患者进行交往，他们根本无法忍受患者的自大和自恋。

另一方面，患者总是高高在上，他们习惯了将所有的爱和感情投注到自己身上，将心思全部花在如何取悦自己上。因此根本没有想过怎样去关心别人，也不知道怎样去赞美别人。他们期待着别人关注自己，却基本上不会给予别人足够的重视，且缺乏将心比心的意识。在某些时候，还容易拿别人的缺点开玩笑，而毫不顾及别人的感受。

所以对于患者来说，在他们以为自己就是世界的焦点，就是群体中的核心时，到最后往往会发现自己真的成了群体中的核心，因为这个时候整个群体中往往只剩下自己这一个孤家寡人了。

消除自恋情结，还原一个真实的自己

自恋型人格障碍的患者所表现出来的种种自恋行为实质上是对自我认知的缺乏，而这种自我认知的迷失并不是天生的，也就是说，很少有人一出生就疯狂地迷恋自己，多数情况下都和个人的生活经历有关。比如在弗洛伊德看来，自恋型人格障碍的出现和童年时代的生活经验有关，他认为每个孩子都要经历一个特殊的阶段——孩子开始把爱从自己身上转到他人身上。正常情况下，孩子会将自己的爱转移到别人身上，并且出现感恩、博爱、同情等良好的品质。但是这个阶段偏偏很容易出岔子：

（1）父母经常打骂孩子，以至于孩子会固执地认为抚养人不值得信任，于是决定依靠自己。也就是说，孩子会变得更加独立自主，并且认为自己有能力解决一切问题。

（2）父母平时过于娇惯孩子，以至于让孩子长时间沉溺在夸大自己的能力和价值的感觉中。在这个时候，孩子很可能会就此停留在这个阶段，不再前行。简单来说，就是一旦孩子满足于做“小皇帝”的感觉，他们就会形成依赖，不再希望做出任何变化。

心理学家朱迪斯·维尔斯特说：“一个迷恋于摇篮的人不愿丧失童

年，也就不能适应成人的世界。”对于自恋型人格障碍的患者来说，情况往往就是如此，患者往往会表现出孩子身上的一些特征，比如：热衷于幻想，而且幻想的都是一些对自己有益的事情；他们还喜欢把自己当成焦点人物来对待，总希望别人围着自己转。

——“我是太上皇，所有人必须听我的”；

——“我这么好，大家没有理由不喜欢我”，或者“我这么好，有人竟然不喜欢我”；

——“别人凭什么比我好”；

——“别人有的，我一定要有，别人没有的，我一样要拥有”。

这些都是婴儿或者儿童时期形成的惯性思维，而患者会在成长的过程中延续自己在幼年时享受到的“皇帝”待遇，并形成以自己为中心的自恋人格。既然自恋型人格障碍与幼年的经历有关，那么解除这些婴儿化的行为是治疗自恋型人格障碍的一个重要任务，也是一个关键任务。

解除这些婴儿化的行为实际上就是要患者放下婴儿时期的那种思维，让他们脱离过去那种模式，而关键就在于患者必须主动去发现和承认问题。通常的做法是，患者将身上最容易遭受非议或者被人提出批评的特征一一罗列出来，这种罗列不要过多地掺杂个人的主观意见，而应该客观地进行分析，然后看一看这些“缺陷”是不是符合婴儿时期的行为。一旦发现这些行为对应上了，就要立即进行针对性的改正。

比如患者发现自己喜欢的东西就一定要得到，而且不允许别人染指。其实这种行为就像小孩子占有一个玩具或者一块蛋糕一样，他们不会与人分享，而必须是完全意义上的占有，因为只有这样才能凸显出自己独一无二的重要地位。一旦患者发现自己有类似的倾向，就需要做出改变，抑制自己的占有欲和冲动。将其让给那些更有希望获得或者需求更大的人，要么就与人进行分享。同时也必须意识到占有某个东西并不能真正代表什么，过度沉迷这种游戏可能会让自己失去更多的朋友，也让自己变得更加孤僻。

事实上，幼儿最在乎的或者表现出来最多的就是两个东西：一个是“特权”——这样可以确保他们一呼百应；一个是“赞美”——这个可以保证他们时时感觉到安全，并延续自己的行为。所以患者需要做的主要也是从这两个方面入手：第一，要放弃自己以前经常挂在嘴边的“特权”，既然不是皇帝的命，就不要享受皇帝的权，最好还是把自己当成普通人（和其他人一样的普通人）来对待。第二，不要过分执着于那些赞美，赞美是需要自己争取的，而不是依靠别人的施舍或者乞求来获得，从“赞美”中可以延伸出“批评”，事实上，很多患者特别忌讳听到批评，或者听到自己技不如人，不过人无完人，每个人都会有自己的缺点，因此必须以平常心来看待这一切，并且想办法加以完善。

总而言之，患者必须意识到自己的处境，并时常这样告诫自己：

——“我应该通过努力工作，用良好的表现来赢得别人的认可”；

——“我不再是儿童了，很多事情需要我自己动手去做”；

——“我应该争取自己应得的，但不是嫉妒别人拥有的”。

通过这种“练习”，患者能够慢慢意识到自身存在的各种缺陷，从而逐步抛弃自我中心的观念。需要引起特别注意的是，自恋型人格障碍的患者往往意识不到自身存在的问题，因为他们习惯了将自己身上出现的批评或者失败归结到其他人的身上，而在他们身上是不存在任何问题的。因此，他们通常并不期待接受任何的治疗，也并不觉得有接受治疗的必要。反过来说，他们更希望治疗师或者心理医生可以运用一些奇特的方法帮助他们从失败中恢复那种强大的自尊心以及自我中心带来的受保护的感觉，所以心理医生必须警惕自己不要轻易被患者利用。

抛弃自我中心的观念有助于他们认识到真正的自我，但这对于患者融入社会还远远不够，他们必须掌握更多合理的社交技巧，而其中一个最重要的就是爱，这个“爱”并不是从别人那里索取的，而是要主动献给别人，要主动去爱别人。心理学家弗洛姆在《爱的艺术》一书中说过这样一个观点：幼儿的爱遵循“我爱因为我被爱”的原则；成熟的爱遵循“我被爱因为我爱”的原则；不成熟的爱认为“我爱你因为我需要你”，而成熟的爱认为“我需要你因为我爱你”。幼儿的爱就是一种不成熟的爱，他们更多的时候希望索取，而不是付出。因此想要改变自恋情结，就需要主动改变自己婴儿化的行为模式，就要懂得主动去爱别人，去关怀别人。

这种主动的、积极的表达方式会进一步巩固和强化患者与他人的关系，从而帮助患者更正确地认识自己与社会的关系，真正看待自己在社会中的位置以及价值，而这才有助于他们消除自恋情结。

第十五篇：

自卑是一种病——回避型人格障碍

回避型人格障碍的患者往往会表现出各种不自信的举动，如果让他们给自己做一个定位，那么情况肯定是这样的："我很无能，什么事情也做不好，我也不知道该如何与别人相处，实际上外面的一切都令我感到疑惑和恐惧。"

无处不在的“我无能为力”

R先生毕业于北京某高校，博士学位，在北京三环以内还拥有一套房子。而与此形成强烈反差的是，他至今单身，没有工作，每天都躲在家里打游戏机。他的母亲担心儿子是不是大脑受到了什么刺激，于是就强烈要求他去心理医生那儿瞧瞧。

医生：你今年多大了？

R先生：37岁。

医生：“为什么读完博士后，反而不想去工作了。”

R先生：“我也不知该找什么工作，我觉得自己什么都不会做。”

医生：“我听说你是学习金融的，为什么不尝试着去证券公司或者银行上班呢？”

R先生：“我不行，不行，真的，我……大概干不了那些工作。”

医生：“你的学历那么高，肯定可以做得很出色的。”

R先生：“不，我做不了那些，太难了。”

医生：“那你平时在家做什么？或者你可以在家自主创业。”

R先生：“我做不来。”

医生：“现在有很多博士生自主创业的，开个网店，或者弄一个网络培训都不错。”

R先生：“那些很难，我没尝试过，万一失败了怎么办。”

…………

经过一段时间的交谈，医生发现R先生说得最多的一句话就是“我不行”，哪怕是一些日常生活比较简单的事情，这个书呆子也总是摇头说做不来。而母亲替他相亲多次，他总说自己不行，配不上别人。此外，医生还发现对方害怕与外界发生接触，所以一门心思在游戏世界中寻求自我存在，而这也是因为自信心不足引起的。

其实，心理医生几乎每隔一段时间就会面对这样的患者，他们最大的缺点就是自认为能力不行，无法满足他人的期望。我们姑且称呼R先生这一类人为“我不行”先生，而这一类人通常具有以下几个典型的症状：

不喜欢做事

对很多自信甚至是自恋的人来说，他们并不会轻易放过任何一个表现自己的机会，所以只要有事，他们往往会第一个冲上去，即便没什么事，他们也挺会来事。但“我不行”先生通常不会这么去想，他们时时刻刻都在保持“谦虚”和“不出风头”的传统美德，并且一直都在提醒自己“我做不好这件事”。“对不起，我不行”，或者“我无能为力”就是他们的“金字招牌”和“名片”，只要有人提出什么请求，只要老板下达了什么任务，他们会在第一时间亮出自己的这张名片。

情感歪曲

在爱情世界中，患者拥有一颗自卑、脆弱的心，哪怕他们具有很不错的先天条件——人长得帅气、个子很高、经济条件很好，还很温柔、懂得照顾人，但是他们更喜欢一棒子打死自己的这些优点，或者视而不见。在异性面前，他们会显得很自卑，并且一直给予自己这样的提醒：没人会注意到我；没人会真正爱上我；一旦爱上了我，以后也会不爱我。正因为如此，这类人并不喜欢在朋友圈晒出自己的照片，也不会写出一大堆的文字来描述自己目前的状态。在微信和QQ空间，他们的签名几乎都是空白的，要么就是一些悲观的话。展示个性可能会让他们觉得别扭，会让他们觉得只会让别人更加奚落自己而已。

意志力太弱

对于那些百折不挠的人来说，“前一百次的失败是为第一百零一次的成功做基础”，但对于“我不行”先生来说，这件事根本不用等到第一百零一次，他们也没有这样的兴趣和意志力来承受一百次的失败，只要第一次失败了，他们就会迅速放弃。对他们来说，最简单、最保险的方法就是采取一次性通过原则，只要第一次没通过，那么他们就再也没有胆子开始第二次了。

对于“我不行”先生来说，他们对外界始终保持一种谨慎和自卑的状态，无论面对什么，他们都可能会小心翼翼地告诫自己“我不行”。而这种不行往往并不是真实的，他们有实力和条件做得很好，有能力吸引别人的注意，有能力达到别人预期的高度，但是却总是喜欢给自己设置一个障碍。这种行为往往让身边的人感到压抑和失望，父母不能指望他们帮忙解决什么问题，妻子不能指望他们闯出一番事业，老板不能指望他们承担责任。

那么为什么他们总是要说“我不行”呢，为什么他们不愿意承认或者意识不到自己真实的能力和价值呢？心理学家给出来的答案是回避型人格障碍。

这是一个比较陌生的词，很多人平时都不大会注意这个词，也没有机会认真去研究一下，但是它在生活中还是比较常见的，而且造成了很多负面影响。回避型人格又叫逃避型人格，其最大特点是行为退缩、心理自卑，面对挑战多采取回避态度或无能应付。

在古代，有很多人会选择归隐山林，与世隔绝，有些人会选择出家为僧，遁入空门；还有一些人寻仙问道，搞起了个人修行。这些人通常都有一个共同的特点，就是逃避社会，不过这种逃避并非都是消极的，有的人能够顺利地走入内心。回避型人格障碍的患者虽然也逃避社会，却从来不敢走进自己的内心，他们属于盲目逃避，即他们原本有能力去做出改变，或者有能力得到自己想要得到的东西，却总是怀疑和否定自己。正因为如此，别人追求的是个体生命的体验、修行和自我肯定，而回避型人格障碍的患者追求的是自我否定和自我封闭。

回避型人格障碍的患者往往会表现出各种不自信的举动，如果让他们给自己做一个定位，那么情况肯定是这样的：“我很无能，什么事情也做不好，我也不知道该如何与别人相处，实际上外面的一切都令我感到疑惑和恐惧。”如果让他们给自己画一幅肖像画，那么画面中的人物形象一定是垂头丧气、目光羞怯、畏畏缩缩、骨瘦如柴甚至身体残疾。他们会将所有悲观的、无助的、弱小的因素添加到这幅肖像画中。

对于患者来说，他们在自我评价方面非常糟糕，甚至能把自己贬得一无是处。而在心理学家看来，回避型人格障碍患者的一切行为特征都和不自信有关。正因为如此，美国《精神障碍的诊断与统计手册》中对回避型人格的特征定义为：

1. 很容易因他人的批评或不赞同而受到伤害。

2. 除了至亲之外，没有好朋友或知心人（或仅有一个）。

3. 除非确信受欢迎，一般总是不愿卷入他人事务之中。

4. 行为退缩，对需要人际交往的社会活动或工作总是尽量逃避。

5. 心理自卑，在社交场合总是缄默无语，怕惹人笑话，怕回答不出问题。

6. 敏感羞涩，害怕在别人面前露出窘态。

7. 在做那些普通的但不在自己常规之中的事时，总是夸大潜在的困难、危险或可能的冒险。

只要满足其中的四项，即可诊断为回避型人格障碍，而多数患者可能实打实地将这七条全部扛在肩上了，有的患者还会表现出其他更多的行为特征，但其中的核心还是“我不行”。

“惹不起，我还躲得起”

1991年，美国好莱坞演员鲍里斯和某个企业签订了一份合同，当时该企业希望能够邀请他参加公司产品的发布会，成为产品的代言人。在获得鲍里斯以及经纪人的同意之后，双方签订了一份协议，该企业为此支付了10万美元的报酬。

可是当发布会召开的那一天，鲍里斯却一直躲在厕所里迟迟不肯露面。几乎一整个上午他就躲在里面，一句话也不说，当然不是因为身体不适，或者突发疾病，而是因为害怕。公司的负责人非常着急，一直催经纪人快点让鲍里斯出来。可是无论经纪人怎么劝，鲍里斯似乎打定主意了不出来。

最后一怒之下，企业准备以鲍里斯单方违约为由，要求鲍里斯赔偿50万美元的违约金，这对于一个龙套演员来说，也算得上一笔很大的开支。经纪人希望鲍里斯能够看在钱的面子上赶紧出来，可是鲍里斯一直在说一句话：“我害怕。”那么他到底在害怕什么呢？没有人说得清楚。

在之后的几年时间里，很多人认为鲍里斯在厕所里遇到了灵异事件；还有一些人认为鲍里斯在电影中的表演得罪了当地的黑帮；也有人认为鲍里斯那天的确是身体不适。不过在2003年的一档真人秀节目中，鲍里斯吐露了心声，原来多年来他一直都有严重的回避型人格障碍，1991年的合同事件，也是因为自己非常害怕出现在那么多陌生人面前，并且担心自己会将发布会搞砸。事实上，很多人可能会注意到，自从出道以来，鲍里斯很少在公众场合露面，并且拒绝出演任何担当主演的电影（按照演技来说，他完全有实力撑起一部片子），这是回避型人格障碍的典型表现。

鲍里斯的超级害羞和恐惧最终引发了回避行为，而这是很多患者都会做的事情。由于患者比较自卑，对自己的存在毫无信心，所以常常会以一种躲避的心态来面对自己所要面对的事情。他们采取的策略通常就是“惹不起，我还躲得起”，面对各种自己感到陌生，或者不在“能力范围内”的事情，经常会出现主动退缩的回避行为。

害怕承担责任

回避型人格障碍的一个重要特点就是缺乏责任心，对患者来说，自己缺乏解决问题的能力，因此不能担当重任，这样就使得他们一味回避自己的责任。公司老总想要派人负责某个工程项目，回避型人格障碍的患者肯定不会像其他人一样毛遂自荐，甚至害怕领导将担子交到自己手上。对他们来说“无事一身轻”才是上上之策，因此希望自己最好不要承担任何一种任务，以免将工作搞砸。

心理学家做过一项调查，发现高达85%的回避型人格障碍的患者都不喜欢在公司里争权夺利，总是将一些明明可以轻易到手的表现机会让给别人，虽然表面上会为他们赢得一些好名声，但对他们而言，主要原因还是出于内心的一种恐惧。

“困难挡着，我就绕道”

一个有理想、有魄力的人不惧怕任何困难和挫折，而且总是会想办法解决它们，不过对于回避型人格障碍的患者来说，困难始终是一个冤大头，他们害怕遇到挫折和困难，也不想和它们来一次狭路相逢，因此一旦发现困难挡在前面，患者通常会无奈地提醒自己：“我克服不了这些问题，还是换一种方法或者换一个目标。”

心理学家曾经安排10位智力发展健全的回避型人格障碍患者进行数学考试，每个人都会发一张电子试卷，上面有20道难易程度完全不同的题目。考试的时候，实验者可以跳过那些不会或者不想做的题目，但是跳过之后，就不能再跳回去重做。结果考试成绩出来之后，有2个人交了白卷，有6个人只做对了其中最简单的3道题，还有2个人做对了5道题，其中还包括稍微有点难度的2道题，至于那些难度比较大的题目，竟然没有一个人做出来。

通过这个实验，心理学家意识到患者并非能力不行，而是因为态度出现了问题，他们会习惯性地规避那些最难的题目，并尽量选择那些简单的，因此到最后会发现他们在容易的题目上发挥出色，而在困难面前，表现出了一致的逃避心理。

社交恐惧和回避

通常情况下，这类人非常害羞，害怕与人交往，因为他们总是担心自己被人孤立，或者已经被人孤立。实际上他们的内心渴望获得别人的关注，渴望结交更多的朋友，但是由于害怕一旦别人了解自己身上真实的一面，就一定会拒绝，或者曾经被人拒绝，这样导致了他们在社交场合采取回避的态度——“既然没人喜欢我，那我就不和他们接触”。

有一个记录在案的回避型人格障碍患者，在将近五年的工作时间里，竟然只和老板说过几句话，至于那些同事，患者几乎都没怎么打过招呼，也称不上有什么深交。他从没有参加过任何同事之间的聚会和其他社交活动，每天下班后都是一个人离开。

当然，心理学家发现患者经常会不由自主地看着别人聊天，而且患者也隐约透露出了想要和别人待在一起的冲动，但是内心又有一个声音时刻提醒自己：“别人可能不喜欢你，所以不要自讨没趣。”这些声音摧毁了他的社交生活，也在他和同事之间筑起了一道城墙。

从以上这些行为模式中就可以看出，回避型人格障碍的患者就是现实中的逃避者，他们会试图躲避一些自己没有把握去控制的现实，而这些现实往往并不具备多少挑战性。除非是自己特别熟悉或者拥有十足把握去做的事情，他们才不会产生紧张、害怕和回避的心理。而在其他事情上，他们的认知能力低得可怜。

不仅如此，由于经常逃避，由于害怕面对那些自己无法控制的事情，患者通常还会患上旷野恐惧症、依赖型人格障碍、强迫症、边缘型人格障碍等精神障碍，这会给治疗带来一定的难度。

滚蛋吧，自卑君！

回避型人格障碍就是一种自卑心理，而自卑感通常形成于幼年时期，由于无能而产生“不能胜任”“不被接受”的种种痛苦体验；或者患者会对自身存在的生理缺陷非常在意，比如智力问题、记忆力问题、四肢的运动能力问题，这些会让患者产生低人一等的想法。

自卑的患者常常会受到自身因素的影响：

低估自己

如果说自恋型人格障碍的患者是那种把自己当高富帅来看的心理状态，那么回避型人格障碍的患者一直秉持的原则就是：“我是一个矮矬穷”。对于他们来说，在某一次听到一些不好的评价后，他们就对自我贬值产生了很大的“兴趣”，总是觉得自己比别人想象中的还要糟糕，为了验证这一点，他们的行为让人感到惊讶。比如：他们更希望听到别人偏低的评价而不是好评（看起来他们更喜欢被人啪啪打脸）；他们也会不由自主地拿自己的短处和别人的长处对比（既然不是过度自信，那必定就是作死的节奏）。

由于习惯了将自己贬得一无是处、低人一等，他们在自卑的道路上越走越远，甚至一骑绝尘，最终成为回避型人格障碍的患者，并且症状始终有加重的趋势。

消极的自我暗示

对于任何人来说，都具备自信，但自信有大有小、有多有少，而很多人自信不多，还总爱往上面浇一盆冷水。所以每当他们准备做一件事，或者应对某个难题的时候，并不像其他人那样，反反复复给自己打气并告诉自己“我能行”，而是一开口就在大脑中蹦出几个伤士气的想法：“我办不到，我能力不行，我一定会将这件事情搞砸的。”在这种消极的暗示下，那些还没来得及萌芽的自信，直接就被扼杀在精神的摇篮里了。

正因为抱着必败的信念，他们在生活和工作中往往很糟糕，原本轻易能够办到的事情也被弄得一塌糊涂，而这些结果反过来又会让他们产生自卑感。从而形成一个恶性循环，使得患者的自卑症状越来越严重。

挫折的打击

挫折是一个欺软怕硬的角色，你躲得越厉害，它就追得越厉害；你越是害怕，它就越是要找你麻烦。对于那些害怕被挫折找上门的人来说，挫折偏偏就要一而再再而三地上门挑事，反过来说，那些经常被挫折折磨得灰头土脸的人，在精神上也必定对挫折产生了恐惧感，而这样就会彻底被挫折击垮，自卑感也就经常会丧气地挂在脸上。

在了解原因之后，就可以对症下药，采取针对性的措施进行治疗。

首先，要提高自我认知的能力，患者之所以会表现出自卑的症状，就是因为自我认知不足，将自己贬得一无是处，因此患者必须端正心态，从头到脚，从里到外好好了解自己。对患者来说，他们不能总是将眼睛瞄在自己那些缺陷上，而应该好好想一想自己还拥有什么长处和优势。比如：自己长得不好看，但很温柔；自己情商不高，但智商勉强能凑数；自己语言能力很弱，但动手能力很强；自己做不了那些技术性的工作，但琴棋书画样样精通。

对于患者来说，他们最重要的任务，就是找一个夸自己的方式和理由，就是懂得找出各种优点，然后往脸上贴金。只要能够发现更多的优点，他们就可以在自卑的阴影中慢慢走出来，才能够更好地运用自己的优势去做好自己最擅长的工作。

其次，多给自己一些积极暗示，就像心理学家说的那样，一件事成与不成，能力占了七分，还有三分被信心给占了。通俗地来讲，信心是能力请来的帮手，一旦这个帮手能量十足，就会提升个人的能力值，工作做起来事半功倍；一旦这个帮手能量不够，始终病恹恹的，就会成为一个累赘，降低个人的能力值。这也是为什么一个总喜欢告诫自己“这事不能做”“这事我做不了”的人，往往很难将工作做好，即便他们原本有能力完成某项工作，但在消极的心理暗示下，也很容易将工作搞砸。

正因为如此，患者需要给予更多的积极暗示，无论自己是否有能力去完成那些工作，无论自己所面对的情况是好是坏，都要在行动前告诉自己“我可以做到的”“这不过是一些小问题，我能够解决好”，当注入这一类强心剂的时候，患者就会在工作中表现得更加出色。即便是遭遇了挫折，患者也不要急于进行自我批判和贬低，在了解失败的原因后，应该相信自己可以不断完善、不断提升，从而避免下一次继续犯错。

提升自我认知和自我暗示是缓解、消除自卑症状的重要方法，也是有效预防回避型人格障碍的重要方法，对于患者来说，他们只要加强这方面的练习，只要懂得把自己尽量往好的方向去看，那么就可以非常有底气地和自卑说再见。

其实，在很多时候，患者的自卑症还和社交有关系，由于害怕社交，患者的自卑症会变得越来越严重，因此克服患者的人际交往障碍往往显得至关重要。简单来说，心理医生或者家属必须鼓励患者走出家门，多和更多不同类型的人接触。为了督促患者更好地贯彻执行这些交友计划，心理医生通常会为其制订一套按阶梯任务来完成的方案。

比如心理医生曾经为一个患有严重回避社交行为的患者制订了一个交友计划：

第一个星期：每天必须和同事、朋友等人交流10分钟；

第二个星期：每天与其他人交流20分钟，并和其中一位多交流10分钟以上；

第三个星期：保持上周的交流时间量，并且额外地找一个朋友闲话家常；

第四个星期：在确保上周交流时间量的同时，多和一帮朋友参加聚会、旅游等活动；

第五个星期：平时多增加交流时间，并参加各种社会的学术、思想交流活动；

第六个星期：尝试着和自己不认识的人进行交流。

通过任务的逐步强化和不断深入交流，就可以帮助患者一点点从自卑中走出来，并促使他们慢慢认识和接纳更多的人和事，从而养成主动接触社会，主动结交朋友的习惯。

对于一些在自卑中病入膏肓的严重患者来说，他们的对于自卑已经产生了恐惧心理，而这种恐惧又会加重自卑的心理状态。也许想要让他们一时间从“自卑”的挡位上跳到“自信”的挡位上不太现实，因此当心理医生试图让患者寻找到自信时，往往会非常困难。这个时候，他们所要做的不是先让患者消除自卑心理，而是不妨引导患者正确地、理性地看待自卑这个问题，并努力挖掘自卑感积极的那一面。听起来有些不可思议，但自卑并不是一无是处、充满邪恶的丧门星。比如说，自卑的人往往非常谦虚低调，自卑的人往往非常礼貌，自卑的人从不在背后议论别人的是非，自卑的人本分随和，自卑的人没有什么太多的戒心，别人反而会放心和他们待在一起……

当回避型人格障碍的患者发现自己还有诸多优点时，可能会发现自己没必要过分在意自卑症，没必要将自己的自卑症状看成一个大灾星。而通过对自卑的重新解构，患者会慢慢找回一点自信，这对症状的缓解和疾病的治疗非常有帮助。

第十六篇：

我的世界全是阴天——抑郁症

抑郁症的患者原本就是一张抑郁脸，他们不太可能保持笑容，也不会轻易因为什么事情而开心。

为什么我总是一事无成

小曾是一个一米八三的大高个，身体非常强健，而且正值青春，人也非常帅气，看起来，原本应该是一个非常自信的人，但实际上别说自信，对于小曾而言，他恐怕就连找出自己身上的一个优点也很费劲，他那张无精打采的脸上几乎就写着几个硕大的字：我没有什么优点。

最近几个月，他每天处于自责的状态，动不动就说“能力不行”“我做错了”“我没用”这类话，听上去他完全是一个没有任何价值的人。在最初开始工作的时候，老板觉得小曾的工作能力不错，当然，现在他的工作一团糟，不仅工作状态差得离谱，工作效率也不高，老板不得不给他一些警告，这无疑让他在那句“我没用”的口头禅上加上了惨淡的一笔——“我真的很没用”。

不仅仅是在工作当中，就连生活也受到了这种负面情绪的波及，平时朋友们聊天，他就刻意躲得远远的，因为他觉得自己根本就没有什么资格和他们一起讨论。小曾的母亲带着他出去相亲，他和姑娘家说得最多的话就是“我不会”“我没有”，言语之中都是一些自损和自黑的话，结果一番交流之后，姑娘头也不回就走了。

家人非常担心他，不知道为什么会变成这样，为什么一个原本阳光帅气的小伙子会突然变得沉默寡言而且极度自卑，按照母亲的话来说：别人都是巴不得自己的头顶着阳光出现，而自己的儿子连身边仅有的一支蜡烛也要吹灭。

如果对小曾的言谈举止进行分析，就会发现他身上的几个明显特征：不爱说话、垂头丧气、看轻自己、不善于交际。这里面每一个特征拿出来都和一个心理疾病有关：抑郁症。提到抑郁症，很多人或许并不那么陌生，但在很多人眼中，抑郁症可能是一个比较令人恐惧的心理疾病。

其实在此之前，很多人在提起抑郁症的时候，常常抱着一种围观的心态，总是觉得这是一个比较让人恐惧但依然只是一个与己无关的名词，它的存在，仿佛只在遥远的他处。抑郁症真正出现在大众的视线中，可能就在2005年，那一年著名主持人崔永元自曝患上了抑郁症，这个时候大家才想起之前患上抑郁症的大明星张国荣，也开始关注这种心理疾病。而就在那一年，北京市卫生局也引起了重视，并公布了由北京安定医院牵头完成的北京地区抑郁症流行病学的调查结果：北京市每30个人当中，就有一个人正经受着抑郁症的困扰，每15个人当中，就有一个人一生中曾经面对这种疾患。而他们开始将范围扩散到全国，并得出了一个结论：患病率可能也保持在5%~10%之间。

随着生活节奏的加快，随着生活和工作压力的不断增加，抑郁症患者越来越多，抑郁症也已经成为一个社会性的心理疾病。不久之前，世界卫生组织再次扔出一个重磅的调查消息，全世界的抑郁症患者大约为3.4亿，预计到2020年，抑郁症将成为继冠心病后的第二大疾病负担源。有一个数据看起来也着实有点吓人，约15%的抑郁症患者死于自杀。

种种迹象表明：第一，抑郁症并不是那么好惹的；第二，抑郁症就在我们身边。只不过，抑郁症有轻有重，并不是所有的抑郁症都是致命的，也不是任何一个抑郁症都会让人觉得不可控制。对于一些重度抑郁症的患者来说，可能会存在一些危险，但轻度抑郁的人也不会给自己造成很大的伤害。

其实抑郁症是躁狂抑郁症的一种发作形式，患者会出现情绪低落、思维迟缓，以及言语动作减少、迟缓等典型症状。虽然只是一种心理疾病，但是它就像一个恶魔一样潜伏在心里，只要我们的情绪受到影响，只要环境发生了变化，它就会跳出来作怪，会一点点撕扯我们对于生活的美好感受，最后一脚将患者踹到黑暗之中。

抑郁症的人往往都很自卑，这几乎是一个比较典型的特征，患者会认为自己生活上缺乏调整能力，工作上缺乏专业技能，感情上缺乏把握能力，通常会认为自己什么都做不好，他们的脸上始终写着几个字“我很没用”。工作能力差点的就认为自己不该来上班；长相次点的，就认为自己配不上任何人；生活条件差点的，会觉得别人都是幸福的；智商不够高的，则觉得自己是一个大傻瓜。所以多数抑郁症的患者都会垂头丧气，缺乏自信，害怕与人对比，并且习惯性地在自我贬值的道路上越走越远，到最后将自己说成是一个“零价值”的人。

心理医生做过一个调查，让不同程度的抑郁症患者回答有关生活和工作的问题，结果高达95%的患者都认为自己的一切都很糟糕，而自己则无力解决。尤其是事业、感情和人际关系方面，他们给出的都是“叉”。而事实上这些患者在生活和工作当中的挫败感非常强，只要有什么不如意的，就会将所有的责任算到自己的头上。总而言之，“我没用”“为什么我那么没用”会成为困扰患者的两个大问题，也成为两颗定时炸弹，这两个问题总是相互纠缠，让人难以从自责和自卑中逃离出来。

当然，对于很多抑郁症的患者来说，难道真的是个人能力有问题？难道真的是自己的智商不够好吗？很显然，他们的能力和脑子都没有出现任何问题，只不过一切都是心里的魔障在作怪。就像一个情绪低落的人一样，在他看来，一切都可能都是不如意的，而这种不如意往往来源于自己的无所作为。当这种低落情绪频繁出现，而且成为生活的主旋律时，就免不了到处是忧伤和自卑了，而一旦做错了某一件事，就会像瘟疫一样快速辐射到所有方面，结果原本一件事做不好，反而会变成“我什么事情也做不好”。

这是抑郁症的一个放大效应，它会将所有负面的东西放大：一个缺点会变成两个缺点、三个缺点；一个小问题会变成大问题，一些微不足道的小事会变成大事；一些原本美好的事情会慢慢变坏。就像膨胀的气球一样，等到负面情绪掌控了自己的身体，那么想要把事情想得更加美好，想要给自己找出一点阳光，可能就会变得非常吃力。这就是为什么很多患者常常会被一个小问题击垮，也会因为一件小事而把自己看得很轻，其实他们并非真的毫无用处，只是没有找到一面好的镜子来看待自己，就像孩子们喜欢照哈哈镜一样，一旦他们选择了消极情绪的镜子，照出来的肯定是一个毫无优点的人。

生活三大症状：不想吃、不想动、不想用脑子

在北京的一家心理咨询中心，有个母亲带着自己15岁的孩子来看病，她说从去年开始，儿子就经常唉声叹气，而且整个人精神萎靡，下午放学一回家，也不说话，就是一个人躺在沙发上发呆。父母和他说话，他也不回答，以前喜欢出去打篮球的他，现在也很少出门了，球友们来约他，他也是简单粗暴的一个字“累”，回到家，就是一个苦瓜脸的“葛优躺”。

更让母亲担心的是，以前贪恋美食的儿子，只要用一个鸡腿，就能让他乖乖听话，现在动不动就说“我不饿”。看到儿子正处于成长发育期，母亲只好每天变着法子弄些好吃的伺候着，可是儿子似乎并不领情，偶尔尝一下，或者干脆不吃。这从小贪吃的嘴巴现在变得比什么都金贵，连开口吃东西也得其他人好言相劝。

父母自然非常担心，总是觉得儿子是不是生病了，当然去医院检查了之后，什么疾病也没有，只是有一点让他们更加担心了，医生几乎扔过来一个定时炸弹：“你儿子可能患有抑郁症。”夫妻俩都吓得不轻，他们也从报纸上、电视上了解过这种疾病，而且回去也特意查了查电脑，结果一打开，多半资料都是和自杀、自残以及自闭有关，那些活生

生的案例让夫妻两人胆战心惊，最后立即决定将儿子送到心理医生那儿去接受治疗。

提起抑郁症，很多人都有过度恐慌症，尤其是家长们一听说孩子得了抑郁症，往往就像天塌了一样。但其实抑郁症并非总是和自杀联系在一起，它也并不意味着就是要和自己的生命过不去，对于多数轻度抑郁症的人来说，他们只是精神状态不那么好而已，而状态不好之后，就会出现一些常见的症状：不想吃、不想动、不想用脑子，像上面那个男孩，就具有以上这些典型的症状。

这三个“不想”实际上是很多抑郁症患者都会遇到的问题，尤其是那些程度不那么严重的患者，他们或多或少都会表现出一些消极的、疲惫的状态。这个时候身体内部会发出一些信号，比如：我不饿，不想吃饭，或者我没有心情吃饭；我的身体很疲劳，不想动弹，我想要安安静静地躺一下；我现在脑子里很空，根本不想去思考任何事情。

对于这类患者来说，他们通常最喜欢的就是安安静静地躺在床上，唯一能做的事情就是发呆，看上去并没有表现出特别激烈的消极情绪，但实际上明显感觉他们缺乏活力，看起来常常就像被霜打了的茄子一样。而且这种状态通常是持续性的，他们很少能够从生活中找到额外的乐趣，也很少直接能够获得太多积极的提示，对他们来说，生活就是一张用来躺在上面发呆的大床，他们有事没事就可以完全颓废地在上面打发日子，看上去准备等着嘴巴生锈、身体生锈、大脑也生锈。

情绪对于身体或者说生理的影响是不可忽视的，很多人觉得，心理上的问题并不像身体疾病一样，会让人长个疮、断一条腿或者生个肿瘤什么的，但无论是中医还是西医都重视对情绪的调节，也认为情绪会对身体造成很大的伤害。如果我们单纯地认为不想吃饭是因为胃不舒服或者患了胃病，认为不想动是因为自己的身体不舒服，认为不想思考是因为感冒头痛，那么可能把问题想得太简单了。情绪能够让人多吃两碗饭，但也绝对会让人粒米不进；情绪可以让人感到浑身舒坦、雄姿英发，也会让人像萎缩了的皮球一样，怎么也蹦不起来；情绪会让人思如泉涌，也会让人大脑卡壳，装满无用的空气。

对于抑郁症的患者而言，情绪是一个硬伤，他们多数情况下不愿意笑，不愿意表现出快乐的一面，或者说那些积极快乐的情绪可能转瞬即逝，所有的负面情绪最终都会成为身体的叛徒，以至于身体很多器官开始罢工，开始出现消极怠工的情绪。比如很多抑郁症患者都偏瘦，这并不是因为想问题想得脂肪消耗过度，也不是因为想问题想出了胃病，而是内心会给大脑发射一个消极的信号，而大脑又会将这些信号发送给胃部，所以即便很饿，他们也感觉不出来自己饿了；即便能够吃下很多东西，他们也是胃口全无。

在心理医生看来，抑郁会造成内分泌的失调，会让大脑给身体发射错误的信号，这样就容易导致身体出现各种消极的状态，等到熬过了一段时间之后，患者会出现容易疲劳的症状，动作会越来越迟缓；会出现各种肠胃疾病，会变得更加消瘦；而且也会变得更加迟钝，无论是反应能力、表达能力、思维能力都会慢上半拍。有些人发现自己身边的亲人突然变得更加迟缓，突然失去了活力，也许问题就在于他们患上了抑郁症。

在国外，有人做过调查，发现短跑运动员患上抑郁症后，有些人的身体机能甚至出现退化，不仅更容易受伤，他们在百米赛跑中的速度也会明显下降，可能会多消耗1~2秒钟。对于一些重度抑郁症患者来说，他们可能连跑的勇气也没有。长跑运动员同样如此，他们的心率和呼吸会受到影响，人更容易疲劳，而且缺乏耐力。至于那些需要依靠敏锐反应的运动员，明显比其他人反应慢一些。

而对于那些需要依靠脑力劳动的人来说，抑郁症可能会让他们的大脑迅速退化，无论是思考还是判断能力都会出现大幅度的下降，很多患者不喜欢思考，害怕做出决定，而且反感那些让人头脑发涨的复杂问题。研究人员发现，在脑力活动频繁的行业中，患上抑郁症的可能性更高，而之后对大脑的伤害更大，很多工作人员会出现职业倦怠症，总是莫名其妙地抵触工作，并且突然就对自己的工作撒手不管。对他们而言，动用脑子会很痛苦。

所以，从整体上来说，抑郁症的人大多都会在身体上表现出一定的消极状态，对他们而言，想要重新激活自己的状态，就需要先改变自己的情绪，需要及时调整到最佳的状态。

谁又惹我不高兴了?

在生活中，正常人并不是那种很容易伤心或者生气的人，多数时候，我们所表现出来的还是相对温和的表情。但被抑郁症附体的人，可不会有那么温和了，随随便便一变脸，挂在脸上的都是狂躁的情绪、低落的情感，而且患者的情感就像过山车一样，这一会儿还是阳光明媚，下一秒钟就可能阴云密布，对他们来说，未必一整天都是保持悲伤的状态，但是悲伤的状态迟早会出现的，而且经常在不经意间就跑出来露个脸。

有个好朋友，他最近多了一句口头禅：“谁又惹你不高兴了？”这句话当然是对他的女儿说的，小女孩如今上高二，为人一直很乖巧，但是最近一年，朋友发现女儿突然变得多愁善感起来，两句话没说完，就蹦出一两句失落或者悲伤的话。而且随着年纪的增长，脾气似乎也增长了不少，动不动就乱发一通脾气。这位朋友觉得可能是女儿学习压力太大了，也就迁就一下，可是女儿经常没来由地哭一场、闹一场，让他觉得很不踏实。

如果发现孩子出现类似的情绪，而且持续的时间比较长，那么一定要注意是不是患上抑郁症了。尽管并不是所有的情绪低落都和抑郁症有关，但是长时间的情绪不稳定，且经常性地哀叹、抱怨则是抑郁症的一个典型特征。所以，对于这一类伤感的人来说，弄不好就已经中了抑郁症的招了。

像林黛玉那样容易伤春悲秋、敏感多愁的人，其实就是患了抑郁症。心理专家和心理医生最近几年一直都在宣传抑郁症，对他们而言，情绪波动太过于明显和频繁的人，一定要引起足够的重视，这类人敏感、多疑、善变、情绪波动比较大，常常莫名其妙地悲伤、生气，莫名其妙地唉声叹气，总是无缘无故感觉到被某些事情惹了，无缘无故感觉到被某些人惹了，无缘无故感觉到自己看什么都不顺眼了。

蚊子嗡嗡嗡乱叫，他们可能会一连几天都陷入狂躁不安的情绪当中；下了一场秋雨，也能让他们悲从中来，难以自拔；别人一句有意无意的话，也会让他们觉得痛苦；哪怕喝凉水冻着了牙齿，也会让他们感到愤怒；走路踢到了石头，也会抱怨半个小时。对于抑郁症的患者来说，似乎只有天时、地利、人和全部到位，全部围着他们转，才能够保持一个好心情。

事实上，抑郁症的患者对于情感的掌控能力通常都很差，为人非常敏感，一些非常细微的变化都可能会引起情感的迅速变化，这样就导致他们的感情非常脆弱且善变，只要感觉到了某些地方不对劲，就会立即做出消极的反应。很多家属会抱怨自己的家人经常有事没事就产生失落感，抱怨自己的家人常常过分担忧某些事情，其实这就是过分敏感造成的，他们轻易就会被外界的一些事物分心，并且迅速引发内心那颗“悲伤”或者“狂躁”的炸弹。

在抑郁症的案例当中，有些患者因为爱人的一句话听着不舒服，就立即变脸，最终离婚；也有人因为朋友的一句玩笑话而绝交；有一些患者会突然责骂身边人，或者对他们不理不睬。有一个极端的案例是，某个抑郁症患者因为家里飞进来一只蚊子，在接下来的几个月当中，只要想起那只蚊子就会莫名地发怒。他的妻子也是一个抑郁症的患者，据说她每天都会莫名其妙地哭上二十几次。

心理医生经过观察，发现悲伤、愤怒、狂躁不安是抑郁症患者最容易出现的症状，通常情况下，这些情感都是和其他情绪相互交织的，也就是说患者在某一时刻还是笑脸相迎，但是会被一些不为人关注的细节或者一些不为人在意的因素所干扰，突然变了脸色。此外，这些情感实际上也会相互转化，狂躁不安的患者可能会变得很悲伤，而接下来又会突然从悲伤转向愤怒。对于患者来说，情绪就是一个魔法道具或者是一个魔术帽子，魔术师可以从中取出各种东西：哭脸、笑脸、平静、温和、失落以及愤怒。一切往往都出乎意料，这在人际关系中会带来一些困扰，因为与之交流的人会突然因为患者的“变脸”而不知所措。

如果进行分析和总结，就会发现患者的情绪变化往往具有以下几个显著的特征：

落差比较大

对于抑郁症的患者来说，从笑脸相迎到哭丧着脸，也许并不困难，他们比那些最具有演技的实力派演员还要出色。可以说从情绪的高峰到低谷往往是片刻之间的事情，不需要挣扎，也没有任何过渡期，一切就像变戏法一样，让人惊掉下巴。有谁的情绪会一下子从天堂跌落地狱呢？除了患者本人，恐怕就是那些无论如何也想不明白的接触者了。

变化很突然

抑郁症的出现或者发作并没有什么明显的预兆，他们过于敏感，因此在捕捉一些生活中的消极分子时总会是神不知鬼不觉的，外人很少意识到他们会突然变卦，会突然从兴致勃勃的表情变成一副苦瓜脸，就连患者本人有时候也难以预料自己的情绪变化。对于他们来说，快速变换脸色，快速传达自己截然不同的情绪几乎就是家常便饭，没有人可以保证自己好好招待自己的朋友，因为在下一秒钟，可能连他们也无法预料自己会不会对朋友恶言相向。或许有人会惹到他们，但问题是他们自己可能也说不清楚自己为什么突然就不开心了。这是为什么呢？也许只有心里的恶魔（抑郁情绪）才知道最终的答案。

以失落为主

对于抑郁症的患者来说，笑并不是问题，也不是什么难事，真正的问题是自己笑得很少，在他们的内心世界里，笑容是一个奢侈品，是一个根本无所谓存不存在的东西。只要情绪上来了，他们随时可以哭出声来，随时可以成为一个哀怨无比的“可怜虫”，他们会把那些负面情绪尤其是忧伤写满整张脸：“我很悲伤，我很痛苦，我很无助。”但实际上他们真的发生了什么悲惨的事情吗？并没有，他们只是习惯了或者控制不住要让自己变得难受，从某种方面来说，悲伤成为他们最习以为常的一种状态，哪怕带来的都是一些伤害，但他们从未想过自己是否还能笑得更多，也不奢望自己能够多笑笑。

反反复复

抑郁症患者的情绪会突然变化，让人措手不及，而这种变化通常带着很大的反复性，很多患者的表现就像录音机回放一样，经常会呈现出“高兴——悲伤——愤怒——高兴——悲伤——愤怒——高兴”的模式。在短短的时间里，患者可能会反反复复轮换这些表情和情绪，而且这些转换和反复实际上非常突兀，让人感到莫名其妙和措手不及，这也是他们情绪波动的一种极端体现，往往显示出内心的无助和痛苦。

抑郁症患者可能无法控制情绪的变化，也没有办法去调节好自己的心态，他们无时无刻不在敏感地感知周围的环境，并且做出一些过度的反应。即便如此，对于外人来说，不能用歧视性的眼光来看待他们，也不能将这个群体异化，或者认为这些人神经兮兮的。可以说，正是因为抑郁症的患者比较敏感、悲伤和善变，外界才需要保持包容的心态，才需要给予更多的关怀和爱护。这样可以为患者营造更好的环境，也可以减少对患者的刺激，从而帮助他们更好地融入到群体生活中来。

如何测试自己是否患上抑郁症?

现在几乎算得上是一个谈“抑郁症”色变的年代，一说起抑郁症，很多人不再像过去那样觉得这是一个让人感觉很遥远的话题，也并不觉得这样的话题和自己无关，更多时候他们会自觉不自觉地与自己或者自己身边的人对照起来。“我这么情绪低落”“我经常唉声叹气”“我经常会眉头紧锁”“为什么我总是把事情想得很糟”“为什么我总是觉得自己那么失败”“我为什么会那么孤僻，喜欢一个人独处”“我的朋友看上去似乎成天都在伤春悲秋”……很多时候，大家会产生一种恐慌心理，他们担心自己或者身边亲近的人会出现抑郁症，所以总是希望自己能够尽早地感知和察觉到这一切。

那么对于我们来说，究竟如何才能测试自己是否得了抑郁症，而怎样才算是抑郁症呢?

在心理医生看来，最简单的招式就是看症状。作为一种常见的精神疾病，但凡和抑郁沾上边的表现都可以说是抑郁症的症状，比如抑郁症的患者通常会发现身上出现类似的情况：我很悲伤，什么都看着难受；我什么都做不好，也什么都不想去做；我的思维迟缓，常常需要反应半天；我大概犯了错误；平时吃不下也睡不好；我还担心自己患有一些疾病，经常感到全身多处不适；有时候会想要自杀。

情绪低落

抑郁症的患者原本就是一张抑郁脸，他们不太可能保持笑容，也不会轻易因为什么事情而开心。相反，在很多时候，他们都是保持着悲伤低落的情绪，轻度抑郁症患者会闷闷不乐，好像每天都被遮着乌云一样，无论做什么都难以让自己保持笑容；重度患者度日如年，觉得生活已经没有了希望。而这种低落的情绪通常在晚上不那么明显，在早晨则会加重。而由于情绪低落，患者会将自己看得一文不值，脑子里充斥着无用感、无望感、无助感和无价值感，很多人还会产生罪恶妄想，会认为自己是否染上了什么疾病，甚至于产生幻觉。可以说低落的情绪摧毁了他们对于生活的美好感受，然后一切都变得那么伤感和恐慌。

有个重度抑郁症患者曾经对心理医生表示，自己已经三年时间没笑过了，也就是说这三年来他一直活在阴郁之中，并且从未觉得有任何事情可以让自己从情绪的低谷中爬出来。这是一个非常极端的案例，但是心理医生认为很多重度抑郁症患者往往都会因为心情低落而将自己彻底推到一个冰窟窿中去。

思维迟缓

很多抑郁症患者常常会觉得自己脑子最近不够用了，会发现脑子突然像是生了锈一样，想问题变得很吃力，就像在一堆糨糊里挣扎一样。他们能够明显感觉到自己的思维能力受到严重的冲击，原本很活跃的大脑变得迟缓，尤其是反应能力会迅速下降。在临床上，患者往往会表现出那种有一些迟缓的症状，说话说得少了、语速开始减慢、声音变得越来越低沉（不再像过去那样激昂和自信），有的患者原本具备非常好的语言交流能力，但是患上抑郁症后，舌头不仅像打了结，还像灌了铅一样，说话不利索，就连基本的交流有时候也很困难。某些患者在患上重度抑郁症后往往会出现无法交流的情形，他们会在短时间内丧失语言组织能力和语言表达能力。

心理医生曾对一个中度抑郁症患者进行观察，发现在一个月内，对方的语速竟然下降了40%，而语言的逻辑性更是变得混乱，很多句子听起来非常散乱。随着观察的深入，患者的症状越来越严重，有时候竟然连一句比较完整的话也说不出来，看上去就像是突然失去了语言表达的能力一样。

意志力减退

抑郁症的最大伤害往往是对于患者个人意志力的摧毁，就像病毒一样，患者的意志力会被干扰和抑制，整个人会向“懒、慢、怕、躲、僵”等方面发展。所以患者通常会表现出行为缓慢、生活被动疏懒、不想做事、不愿和周围人接触交往等症状，很多患者会变得更加孤独，回避亲戚朋友，每天都将自己锁在房间里，对他们来说，屋外的世界根本和自己无关，他们也没有任何社交的冲动。

当这种回避社会的行为加重时，患者开始在自身的生理需要和个人卫生方面失去控制力，总是表现得邋里邋遢、不修边幅，对他们来说，日常的自我养护成了一个完全多余的环节，他们也没有这样的兴趣和愿望。接下来说话、吃饭、日常走动都会被他们当成一种负担，都会被他们当成毫无意义的举动，他们更希望躺在那儿日复一日、年复一年。

这并不是修身养性，而是一种极端低落情绪导致的，如果对患者进行检查，就会发现他们表现出悲观失落以及焦躁的情绪。心理学家曾经发现有个患者在一天之内，竟然有18个小时在房间里走来走去、坐卧不安，经常做一些手指抓握、搓手顿足的动作。很显然，对他们来说，一切看上去都很不习惯，而且似乎总是担心会发生什么事情。

随着意志力的减退，消极悲观的思想会成为一个具有毁灭性的危险因素，患者会出现自卑、自责、绝望的表现，甚至将生命看得很轻，甚至会认为自己是世界上多余的人，这也是为什么很多患者会将自己推入困境的原因。无论如何这都是一个非常危险的信号，患者在意识到自己的症状加重后，必须保持足够的警惕。

认知功能损害

很多人患上抑郁症后，经常会沉溺在悲观情绪当中，而这种持续性的情绪会伤害患者的认知功能。或许有的患者并没有注意到自身出现的某些功能性退化，但对于周边的人来说，他们往往可以感知到患者身上出现的问题。比如很多患者会出现记忆力下降、注意力障碍、反应时间延长、警觉性增高、抽象思维能力差、学习困难、语言流畅性差，以及空间知觉、眼手协调及思维灵活性等能力减退。这些认知功能出现障碍和损害后，患者的社会功能就会间接受到损害，患者在接触社会的时候，会失去最起码的适应能力、理解能力、交流能力，也会成为一个被社会排斥在外的孤僻者。事实上，当认知能力下降之后，患者的麻烦那才真正开始，而他们也必将会在自我孤僻和抑郁的道路上越走越远。

躯体症状

抑郁症是一种心理疾病，但是心理疾病往往也会对个人的生理造成重大的影响，简单来说，心里憋屈了，也不会让身体好受。这是一个最基本的规律，因此患者虽然感觉上是心理受到了伤害，心理出现了大问题，但实际上身体上也难逃一劫。患者会发现自己很难入睡，比如每天早上早醒了2～3小时，而且醒后会很挣扎，根本不能再入睡。与此同时，还常常伴随浑身乏力、食欲减退、体重下降、便秘、身体疼痛、性欲减退、阳痿、闭经等症状。躯体不适后，脏器也受到了波及，恶心、呕吐、心慌、胸闷、出汗等症状也是轮流来袭，让患者不胜其扰。

对于每一个人来说，只要出现以上这些症状，只要发现自己身上存在类似的症状，就要保持警惕。尽管不可能每一个患者都会表现出类似的症状，而且也不可能身兼所有的症状，但是只要出现一种或者几种以上的症状，就要意识到抑郁症可能离自己不远了。当然，很多类似的症状不一定就是抑郁症引发的，抑郁症还需要一个重要前提，那就是症状的持续性。所谓持续性，其潜台词可绝对不是“今天你抑郁了吗？”抑郁症是一段时间内的持续性情绪低落的表现和变化，一个人在某一分钟或者某一天出现悲伤情绪，那只能说是心情受到了影响，只有一连几个月、一整年或者经常性地表现出悲伤、愤怒、善变的情感，才有可能是抑郁症。

为了更加具体、简单地测试自己是否患上了抑郁症，很多人都会选择一些比较简单的测试方法。比如美国心理治疗专家、宾夕法尼亚大学的David D.Burns博士就设计出一套比较完善、合理的抑郁症自我诊断表——“伯恩斯忧郁症清单（BDC）”。这个自我诊断表可帮助我们快速诊断出自己是否存在着抑郁症。

测试者可以依据下面的提示，在符合自身情绪的项上打分。没有就选择0分，轻度属于1分，如果是中度则是2分，症状严重的话是3分。

1. 悲伤：你是否一直感觉到伤心或者悲哀？

2. 泄气：你是否感觉到前景很渺茫？

3. 缺乏自尊：你是否觉得自己没有价值或是一个失败者？

4. 自卑：你是否觉得力不从心或自叹比不上别人？

5. 内疚：你是否对任何事情都自责？

6. 犹豫：你是否在做决定时犹豫不决？

7. 焦躁不安：这段时间你是否一直处于愤怒和不满的状态？

8. 对生活丧失兴趣：你对事业、家庭、爱好或朋友是否已经丧失了兴趣？

9. 丧失动机：你是否感觉到一蹶不振做事情毫无动力？

10. 自我印象可怜：你是否认为自己已经衰老或者失去了魅力？

11. 食欲变化：你是否感到食欲不振？或情不自禁地暴饮暴食？

12. 睡眠变化：你是否患有失眠症？或整天感觉到体力不支、昏昏欲睡？

13. 丧失性欲：你是否丧失了对性爱的兴趣？

14. 臆想症：你是否经常胡思乱想担心自己的健康？

15. 自杀冲动：你是否认为生存没有价值，或生不如死？

抑郁自测答案：

0~4分——没有抑郁症

5~10分——偶尔有抑郁的情绪，很正常

11~20分——有轻度抑郁

21~30分——有中度抑郁症

31~45分——有严重抑郁症并需要立即治疗

这个自我诊断表比较科学和客观，很多怀疑自己有抑郁症的人都可以亲自测试一下，虽然未必那么准确，但是只要能够按照自己真实的表现去测试，往往还是可以看出自己是否有抑郁症，或者出现了类似的倾向，从而进行有效调整和治疗。即便是没有抑郁症，也可以用来提醒自己，防止抑郁症的出现。

抑郁症的防与治

现在，我们知道了抑郁症的症状以及可能造成的伤害，所以一个最基本的问题就是如何进行预防和治疗。这当然不是简单地进行警告或者自我提醒就可以的，“千万不能得抑郁症”“你给我保持安静”“赶紧把眼泪收起来”“你给我每天笑上两个小时”，这些几乎不可能产生任何作用，对于抑郁症的患者来说，他们对于疾病的控制能力比一般人弱很多，这也是为什么一旦没有调节得当，就成了抑郁症的“俘虏”。

那么抑郁症究竟该怎么预防呢？这当然不是指像防御他人进攻一样，也不是像防止病毒传染那样，穿个盔甲或者将自己与“病原体”隔离就可以万事大吉。都说病由心生，抑郁症更是一种心理疾病，它的根源在于内心，所以真正要预防的还是内心的变化。

预防工作不仅要从娃娃抓起，更要从上一辈的婚姻做起，因为研究表明抑郁症和家族遗传有关，也就是说，在父母中某一人或者双方都患有抑郁症的情况下，孩子有可能会遗传父母的抑郁特性，所以对于父母双方来说最好不要和那些有精神病史、过度酗酒、人格异常等症状的人结婚，最好是优生优育，防止让下一代成为“天然的抑郁症患者”。

而结婚后，夫妻双方做好孕前检查，怀孕后更要保障充足的营养供给，保证胎儿脑神经系统、内分泌器官的正常发育。同时还要避免母亲受到不良的情绪刺激，像产前抑郁就有可能祸及胎儿。当孩子长大后，一定要为孩子创造一个欢乐、和睦的生活环境，父母不要轻易离婚、争吵，不要轻易打骂孩子，而应该给予更多的关爱和正确的引导。其实很多抑郁症患者都是因为家庭生活存在阴影，可以说他们是真正被家庭伤害的抑郁者，因此这一阶段，父母的责任和压力都非常大。

幼儿时代的责任主要在于父母，而对于青少年来说，由于这个时期处于儿童和成人之间的过渡期，对于人的性格形成、价值观形成都非常重要，因此这一阶段的孩子必须保持更加开朗的心情。首先是多做运动，尤其是有氧运动。研究表明每周运动三次即能够有效防治抑郁症，而且复发率很低。此外，青少年需要主动和朋友、同学多接触，尽可能地融入到团体生活当中去，确保自己不会出现孤僻的性格。

对于成人来说同样如此，而除了运动和社交之外，良好的睡眠能够确保充沛的精力，能够提升心理承受能力，也能让人在学习和工作中保持足够的专注度；扎实而温和的生活态度同样非常重要，有人每天端着茶杯享受生活，他们更容易开开心心，而有的人每天拿着酒瓶哀叹人生，不想成为抑郁症患者都难；心理调节能力则是一个最重要的因素，有些人把负面消息成天挂在嘴上，满脑子都是一些不好的信息，这样就容易将抑郁症“引狼入室”。如果平时能够保持良好的心态，就能及时排遣掉逆境中出现的自卑、失落、痛苦、挫败感等不良情绪。按照心理学家的说法“即便你笑不出来，至少也别哭”，而且要尽量转移注意力，想一些更加积极乐观的事情。

简单来说，就是多笑、多运动、睡眠好、心态好，这样就可以让我们在日常的生活和工作中建立起强大的防御网络，从而确保抑郁症无法乘虚而入，更不会在我们情绪低落的时候兴风作浪。

当然，抑郁症并非一种看得见、摸得着的“对手”，很多时候它的出现也是防不胜防，无论是遗传因素、生活经历、工作压力，都可能会让抑郁症突然来袭，而患者也没有必要感到恐慌，毕竟抑郁症并不意味着就是灾星。患者必须把握两个调节的要点：第一，它很常见；第二，它是可以治疗的。

很多心理学家建议社会要对抑郁症引起足够的重视，但并非刻意夸大抑郁症的危害。很多患者听说自己得了抑郁症之后，往往会更加恐惧，甚至破罐子破摔，就好像抑郁症诊断书上，写着“绝症”或者“死”一样，而这样对于治疗根本毫无帮助。所以无论心理医生还是患者都必须更加积极地看待这种心理疾病，必须一开始就让治疗保持在一个乐观层面上。

而在具体进行治疗的时候，心理医生给出的策略是：药物治疗、认知治疗。

药物治疗

由于抑郁症容易加重和复发，因此一般的药物治疗分为两个部分：控制急性发作以及预防复发。目前的抑郁症药物分为几个层次：TCAS可以作为治疗抑郁的一线药；第二代非典型抗抑郁药为二线药，其次可考虑MAOIS。

并不是什么抑郁症都适合吃药，药物治疗一般是中度以上抑郁发作的主要治疗措施。由于抑郁症的出现往往和大脑中5-羟色胺排出减少及脑脊液5-羟色胺含量减低有关，目前临床上一线的抗抑郁药主要包括选择性5-羟色胺再摄取抑制剂（SSRI，代表药物氟西汀、帕罗西汀、舍曲林、氟伏沙明、西酞普兰和艾司西酞普兰）、5-羟色胺和去甲肾上腺素再摄取抑制剂（SNRI，代表药物文拉法辛和度洛西汀）、去甲肾上腺素和特异性5-羟色胺能抗抑郁药（NaSSA，代表药物米氮平）等。

此外，患者需要通过三个阶段进行治疗：

（1）急性治疗期：以控制症状为目标，用足够剂量至症状消失。

（2）继续治疗期：以巩固疗效、避免病情反复为目标，在症状消失后至完全康复，通常需要4～9个月，为了确保病情不会反复，需要继续治疗。

（3）预防性治疗期：以防止复发为目标，对于那些3次或3次以上抑郁发作者；既往2次发作，如首次发作年龄小于20岁；3年内出现2次严重发作或1年内频繁发作2次和有阳性家族史者，需视发作次数、严重程度来进行预防性治疗。

认知行为治疗

对于抑郁症患者来说，这个世界只有一种颜色，那就是灰暗；这个世界只有一种氛围，那就是悲观和伤感；这个世界只有一种可能性，那就是越来越差。无论是好的坏的，在抑郁症患者看来往往都是坏的，无论对正、负事件都以消极的态度看待。心理学家针对这种情况，最需要做的就是抑郁病人对自我、周围世界和未来的负性认知，从而帮助他们矫正这种观点和想法。

一般情况下，心理医生会采取认知行为治疗的方法，认知行为治疗实际上就是一种心理诱导之类的治疗方式，其基本原理是由于认知上存在偏差，治疗目的在于让病人认识到自己错误的推理模式，从而主动自觉和纠正。总体来说，就是希望患者能够更多地看到生活中美好的一面，能够感悟到生活中那些令人愉快的东西。就像半杯水一样，乐观的人总是庆幸自己还有半杯水，而抑郁症患者则会为自己失去了半杯水而伤感，认知行为疗法就是为了让抑郁症患者调整过来。

认知行为治疗是20世纪70年代，以贝克为代表的美国心理学家创立，并且迅速成为治疗抑郁症的一个主要方法。在这些美国心理学家看来，每一个人的内心都是一个宇宙，而每一个抑郁者的内心都有着更为丰富的声音，这些声音蕴含着他们头脑中固有的思维方式，正是这些思维方式决定了他们对自己和世界的感受。

因此，认知行为治疗关键技术之一是认知重建，也就是说心理学家必须想办法打破患者原有的认知模式，然后对其进行重建。有些患者行动迟缓，什么也不想做，认为这些事情毫无意义，或者说做了也是以失败告终，这种消极情绪和心态常常导致自己必须解决的问题和工作一再延迟。心理学家会引导患者安排好时间规划，促使患者建立起工作的兴趣和自我价值的认可，这样就能够帮助患者逐渐建立客观、合理的自我评价方式。这样，患者在做完该做的事情之后，并不会产生失落和悲观的情绪，反而会慢慢感受到一种从未有过的轻松和快乐。

认知行为疗法是一种有效的调节方法，如果说抑郁的情绪是因为患者处在错误的收音频道上，导致所听到的都是虚幻和消极的声音，那么认知行为疗法的目的就是调节频道，让患者享受到更加美妙的音乐，能够收听到更加欢快的声音。

对于患者来说，认知行为疗法的疗程一般为12～15周，疗效非常不错，但是对于严重迟滞或激越的、有自杀危险、有自伤自残行为的急性期患者，这种疗法往往会失去效果，药物治疗和躯体治疗通常是治疗第一手段。对药物不能耐受的患者更适合认知行为治疗。而在很多时候，两种方法可以相互结合，这样能更好地保证疗效。

由于抑郁症潜在的危害性比较大，因此心理学家一直都在想办法丰富自己的方法，一直都在尝试各种不同的治疗方式，因此在最近十年来，抑郁症的治疗方法变得更加多样化。吃药和认知疗法之类的正规疗法固然受到了患者的欢迎和认可，但也产生了很多非传统的治疗方式，这些方法未必会被正规的心理医生用作治疗，而且一般情况下，可能存在一定的争议和风险，但是却值得借鉴。

（1）电痉挛疗法

专业医生会用一定量的电流通过脑部，从而激发患者的中枢神经系统而放电，在这一过程中，患者全身性肌肉会出现有节奏的抽搐，但是患者几乎不会感受到痛苦。此种疗法能使抑郁症状和抑郁情绪迅速得到缓解，有效率可达70%~90%。

（2）替代性疗法

对于轻度抑郁症患者来说，可以选择一些中医疗法进行替代，目的是为了放松患者的压力，像针灸、意向引导、瑜伽、催眠、草药、按摩、放松疗法、香料按摩疗法、脊柱指压疗法、生物反馈疗法都对抑郁症有辅助性的疗效。

（3）实验疗法

对于一些拥有创新想法的心理学家来说，他们总会突发奇想地摸索出一些新的疗法，并且进行实验，这类实验疗法往往是由医生来进行的，考虑到安全性及有效性并未得到证实，患者最好不要轻易冒险尝试。

（4）射疗法

在心理学领域，有一些人一直尝试一个理念：人体有自身修复功能，手脚中的神经和身体其他部位相联系。通过刺激手脚的某些部位，就可以通过反射原理治疗疾病。这就是所谓的反射疗法，实施者对患者手脚固定部位施加压力，以此来治疗抑郁症。

（5）运动疗法

生命在于运动，运动有助于提升生命的质量，患者平时跑跑跳跳就可以减小压力、放松心情，从而减轻抑郁情绪。同时运动带来了更充沛的精力和更强健的体魄，这些恰恰是抑郁症患者所需要的。不过患者不要锻炼过度，也不要轻易尝试新的运动项目。

（6）女性荷尔蒙补充疗法（HRT）

此外，由于女性患抑郁症的比例远远比男性高，所以心理学专家不得不针对性地对女性抑郁症患者进行研究，比如女性体内激素的变化会引起经前综合征、经前不悦症、产后抑郁症，如果给患者补充荷尔蒙，就能够有效缓解一些抑郁的症状。荷尔蒙补充疗法本身也可能引起抑郁症，如果你曾经患过抑郁症，在考虑使用这种疗法前应告诉你的医生。

第十七篇：

没有你，我将寸步难行——依赖型人格障碍

正因为将别人的评价当成自己的观点，依赖型人格障碍的患者几乎很难一个人单独去做某件事，更没有办法单独完成一件事，尽管他们的能力不存在任何问题，但是仍旧会本能地感到不知所措。

“我的生活中只需要一个靠山”

S先生在公司里一直都是一个不太起眼的小角色，平时根本没有什么表现的机会，他也从未想过要成就什么大事。对他来说工作就是一个挣钱的工具，只要能养家糊口就行，至于自己能够坐到什么位置，能够做出什么成就，他根本不那么在乎。

对于工作，他有些受够了。一方面，他非常担心自己会被老板一脚踢开；另一方面，他时常在工作中感到手足无措。在公司内部，他几乎从不发言，也没有任何一个建议或者意见，更不会主动去承担什么，只要有什么任务落到自己头上，就会产生强烈的无助感。

直到有一天，部门内部出现了一个能力出众的同事，他总能够轻松解决所有的问题，所以S先生现在觉得自己完全被解放了，只要有什么问题，他就会热情地向这个同事请教，比如如何制作方案，如何打报告，如何解决各种大小问题。接着他慢慢发现自己完全依赖上这个同事了，就连“每天上下班该坐公交还是地铁，每天晚上该吃点什么”这样的事情，他也愿意听一下对方的意见。在工作中，他更是将对方当成自己的“百事通”，并且觉得自己再也不用每天面对那么多烦琐的事情了，也不用承担那些压力。

当然，在其他人眼中，S先生只是一个在部门里混吃混喝，毫无能力的人，也总是在其背后出言讥讽。

在公司里，在生活中，可能都会有类似于S先生这样的人，他们不喜欢自己做决定，不喜欢自己面对某一项工作，缺乏足够的独立性，因此总是习惯性地依赖他人。而这些症状通常不是因为能力太差的问题，而是一种特殊的心理障碍——依赖型人格障碍。患有这种人格障碍的人处处听命于他人，缺乏自信，总是要求别人为他拿主意。在他们的生活中，自己是无能的，只有找到一个强有力的靠山，才能支撑起最起码的生活和工作。

作为一种日常生活中较常见的人格障碍，美国《精神障碍的诊断与统计手册》中将依赖型人格障碍的特征定义为：

1. 在没有从他人处得到大量的建议和保证之前，对日常事务不能做出决策。

2. 无助感，让别人为自己做大多数的重要决定，如在何处生活，该选择什么职业等。

3. 被遗弃感，明知他人错了，也随声附和，因为害怕被别人遗弃。

4. 无独立性，很难单独展开计划或做事。

5. 过度容忍，为讨好他人甘愿做低下的或自己不愿做的事。

6. 独处时有不适和无助感，或竭尽全力以逃避孤独。

7. 当亲密的关系中止时感到无助或崩溃。

8. 经常被遭人遗弃的念头所折磨。

9. 很容易因未得到赞许或遭到批评而受到伤害。

从以上这些特征就可以看出，患者缺乏独立性，缺乏安全感，而且极度不自信。在多数情况下，患者并不具备自主意识，而更像是一只迷航的小船、一只走失的羊羔、一个失去教母的孩子，总是感到无助和迷茫，常常为一些需要自己拿主意的事情烦恼，因此急需一个帮助自己拿主意的人。

这样的心态往往赋予了他们多重角色，比如他们只想成为一个跟班，别人让他们做什么就做什么，让他们怎么做就怎么做，重要的是自己根本不用做任何决定，也不用为那些决定负责；他们还是乐于坐享其成的懒鬼，总是等着别人把所有的事情做完之后，自己好及时分一杯羹。

在很多时候，他们都是以“生活白痴”“工作白痴”的形象和身份出现的，就是因为他们缺乏自我认知的能力，也缺乏自己的想法和立场。在他们的印象中，自己可能生活在一个冰冷而危险的世界里，更糟糕的是自己还无力应对这一切。通常他们都会将自己定义为一个笨拙的且无法承担责任的人，将自己定义为一个没有能力、没有野心、没有优点的人，所以他们非常乐于将自己的命运双手奉上，交给那些值得依靠的人。

正因为如此，这类人的生活和工作可能都是别人代劳的，专业可能是父母选的，女朋友是朋友们选的，工作也需要听从别人的意见，几乎所有的决定都带着其他人的标签，都代表了其他人的主张和意愿。

他们的一生中，大概有一半的时间都处于十字路口，都在为向左走、向右走而纠结，因此找一个导航是最实惠的，自己根本不用为向哪里走而担心，也不必承担走错路的责任，实际上他们可能毫不关心自己的道路是对是错，他们只是不想自己去面对这一切。如果身边存在第二个人的时候，患者永远都在仰仗别人，都希望从别人那儿获得解决问题的方法。在他们眼中，身边的任何人都应该用来为自己服务。有时候遇到必须自己做决定的事情，他们也会表现得非常谨慎，需要身边的人做出反复的指导和保证，才敢于最终拍板。

正因为将别人的评价当成自己的观点，依赖型人格障碍的患者几乎很难一个人单独去做某件事，更没有办法单独完成一件事，尽管他们的能力不存在任何问题，但是仍旧会本能地感到不知所措。

过度的依赖让他们变得更加脆弱和无能，有一个女患者和丈夫之间的感情已经淡得和白开水一样了，事实上，两个人还经常吵架，但却从未提出分手。而她之所以久久不愿意和丈夫离婚，就是因为丈夫在家里可以帮助她换灯泡，可以帮她清理房间里的蟑螂。对她而言，丈夫的这点功能足以让这段破裂的关系继续维持下去。

很多人觉得依赖性强的人容易抓住感情上的机会，但对他们来说，什么兴趣爱好、人生观、价值观都是次要的，最要紧的就是找一个靠山，这种依赖性往往很盲目，而且并不一定存在真感情。事实上，他们在人际关系方面非常幼稚，缺少陌生感和界限，和谁都能聊到一块儿去，并且明显让人感觉到彼此之间非常熟，但实际上并非如此。他们的热情和亲切表现只是为了让对方在这个热乎劲面前晕头转向，从而方便成为新的依靠。

一些男性患者往往会得到一些“伟大的爱情”，他们在和异性接触的时候，由于太过热情主动，表现得就像一家人一样（尽管双方可能只是第一次见面），这往往会让一些异性感动不已，从而激发出内在的母性。双方之间的感情可能一点就着，但实际上这只是男性患者渴望获得帮助而已。

从本质上来说，这类依赖性的情感是一种病态的表现，往往不会真实反映出患者内心的情感需求，这种依赖/被依赖的关系往往不够稳固。在某些时候，当患者寻找到更好、更强势的靠山，或者觉得可以获得更多的依赖时，可能就会打破原有的传统依赖/被依赖的关系，转而寻求新的依靠。所以，无论是对患者，还是其他人来说，都要摆正心态，不要过分看重这种依赖性很强的关系。

逐渐消失的自我

L女士在童年时期曾经亲眼看见一头牛被屠宰时的悲伤场景，她觉得那头牛在流泪，这个场景在接下来的十几年时间里一直都在她脑中打转，为了消除这个影响，她平时非常害怕见到牛，也不喜欢这些可怜的动物。

她更喜欢谈论马，还对任何和马有关的东西感兴趣。但是她后来嫁给了一个让她非常依赖的男人，一个屠宰场的经理，每天都要和那些牛打交道，并且获得惊人的利润。对她丈夫来说，牛就是一个保护神，就是让他们的生活变得更好的一个动物，尽管那些常常会以血淋淋的方式呈现出来。

向来不喜欢牛的L女士，一开始并不太喜欢去屠宰场里看看，可是为了迎合丈夫，为了支持丈夫的事业以及他的爱好，她也被迫改变了那些看法，不仅不再为那些被屠杀的牛而感到担忧，而且很快就要求自己喜欢上了这些命运悲惨的动物。

发生在L女士身上的事情并没有太多的强迫性质，一切都是她自愿做出改变的，这种改变也许是痛苦的，是错误的，但是相比于迎合自己依赖对象的价值观，这些都无足轻重，他们更希望自己与他人的依赖关系得到保障。哪怕对方指鹿为马，他们也会毫不犹豫地附和着大喊：“真的呀，好漂亮的一匹马！”

很多人也许会对L女士感到鄙夷，但是对于一个依赖型人格障碍的患者来说，她根本不觉得自己应该为此感到羞愧，或者说她并不会过度担心自己的变化会引起别人的不适。事实上心理学家也发现历史上有很多类似于L女士的人，他们会突然改变自己原有的立场、观念以及性格，从而做出很多违反常规的事情来。这些人通常是奴隶、叛徒，或者某一改革派的拥趸，他们在做出决定之前，其实就已经对原有的领袖产生了依赖心理，因此会不由自主地让自己的一切都按照对方的意志行事。

在心理学家看来，这些现象实际上可以描述为在依赖他人过程中“自我的消失”，自我消失是很多回避型人格障碍的患者都会遇到的问题，这些人原本拥有自己的意识、自我身份的认知、个性和性格的独立性以及对生活的体验和认知，但是一旦他们找到了一个强大的“靠山”，就会产生强烈的依赖性感情，而这种依赖性感情会慢慢侵蚀自我的精神，最终一点点消磨掉自己的印记。

通常来说，这种自我消失的症状主要体现在四个方面：

丢失立场

为了依附别人，患者甘愿出卖自己的立场和原则，也甘愿混淆是非。有时候明知道别人的想法和主张是错的，也会鬼使神差地附和，因为他们缺乏独自提出反对意见的勇气，也害怕一旦指出错误会让他们失去所依赖的那些人。按照他们的想法，与其按照自己的正确理念单兵作战，还不如继续投靠别人，和对方一起稀里糊涂地错下去。

无条件服从

多数时候，他们都会无条件服从别人，并且愿意为依赖的对象做出令人难以置信的牺牲。他们会大度地让自己的需求屈从于他人的需求，会容忍自己吃一点亏，或者甘愿承受某种伤害。无论如何，他们都会摆出一副“我对你别无所求”的姿态。

价值观同化

只要能够取悦自己所依赖的人，他们并不介意抹杀个性和需求，甚至刻意否认自己的个性或者与他人的不同。如有必要的话，他们更喜欢被对方同化，将他人的价值观和信念变成自己的价值观和信念，并坚信这样做会让双方的关系更加稳固。

生活方式同化

当精神层面和心理上迎合对方之后，同化现象还会进一步蔓延开来，最终蔓延到生活方式当中来，也就是说患者为了取悦依赖的对象，或者为了强化这种依赖关系，会主动改变自己的生活方式，并不断和所依赖的人的生活方式趋于一致。

在很多西方家庭中，很多家庭妇女身上会出现一个奇怪的现象，她们会忘记自己喜欢吃什么，或者意识不到自己曾经最喜欢吃什么。将她们现在最喜欢的食物和曾经最喜欢的食物进行对比，结果往往会让她们感到吃惊，她们会大呼“我绝对不可能会喜欢上那样的食物，现在不会，以前肯定也不会”。

但事实摆在眼前，几乎不容置疑，那么原来食谱上的美味究竟被丢到哪儿去了，或者说现在喜欢的美味又是从哪里产生的呢？心理学家对这个话题产生了浓厚的兴趣，尽管他们一开始也赞同美食家们的说法：“人的口味和食物爱好会随着年龄的增长而发生变化的。”但他们更乐于探讨这些惊人变化背后的逻辑性。而心理学家经过调查研究，很快发现了一些问题：

（1）那些妇女对丈夫依赖性特别强，总是倾向于做一些丈夫喜欢的食物，总是按照丈夫的口感来制作食物；

（2）那些妇女喜欢吃的食物，和丈夫喜欢吃的食物具有很高的重叠性，相似度高达90%以上；

（3）那些妇女的口味发生变化的时间多在恋爱开始之后或者结婚之后。

从这三个特征中就可以看出一些端倪，即那些家庭主妇在依赖丈夫的过程中自觉不自觉地改变了自己的口味，最终完全被丈夫的饮食方式所同化。

除了饮食方式被同化之外，患者和依赖对象之间的一些日常作息时间会趋于一致，生活爱好会趋于一致，甚至于感情的表达也有可能会相同。

之所以会出现“自我消失”的情况，就在于患者对自我认知的忽视，对自身价值的漠视，在找到一个强有力的“靠山”之后，他们会逐渐抛下原本就不自信的“自我”，因为对他们来说，这个时候自身的存在是没有太大价值的，既然如此，还不如完完全全地将自己托付给其他人，让自己的精神和意志跟随他人的意愿去行动。

依赖是每一个人最基本的心理需求，可以说和进化中的人类形态有关，不过过分依赖就是一种病态的反应，会让自己彻底失去个性，这样患者就会进一步降低自己的存在感。

依赖型人格障碍的多面角色

对于依赖型人格障碍的患者来说，他们的身上有很多不好的性格特征，懒惰、自卑、意志力薄弱、缺乏主见、喜欢委曲求全，而这些缺点通常会在不同的场合表现出来。如果进行深入分析，他们还会在不同的人际关系、不同的场合中表现出不同的人格特性，这些不同的面实际上就是指不同的子人格（心理学术语，是指具有独立个性的某个性格侧面）。

（1）哭泣者

在依赖型人格障碍患者的子人格中，必定有一个爱哭的人，由于患者总是缠着他人不放，有时候难免会被冷落，而且越是纠缠就越容易遭遇冷落，心里就会产生怨恨和恐惧。不过在他们的心中是不敢轻易惹恼自己的靠山的，一旦失去了替自己做决策和遮挡风雨的人，他们可能会变得更加无助。

既然恨对方，但是又不能当着面数落对方一顿，这个时候，愤怒的情绪会慢慢转变为抑郁，抑郁之后就会变成哭泣。因为患者会发现通过流眼泪可以像林黛玉一样惹人怜爱，以此来激发“靠山”的怜悯之情。在这样的心理动机下，哭泣者会粉墨登场，而且将哭泣时获得的安慰，当成人生最幸福的事情。

事实上，哭泣者是一个非常狡猾的角色，是一个非常老练的子人格，它会不断向患者灌输这样一个想法："没有人依赖可是不行的"，从而在背后制造出一个哭泣的角色，并以此作为满足依赖的工具。

（2）惹人怜爱的小家伙

绝大多数人的子人格中都有一个惹人怜爱的形象，一个孩子或者一些小动物，而在依赖型人格障碍患者身上，这些孩子和动物的形象要更多一些。在很多女人的子人格中会出现多种不同的形象：一个头上扎着小辫的小姑娘，总是想着别人和自己一起玩；还有一个是同样装扮的妹妹，胆小而矜持，期望获得别人的帮助。这两个形象实际上是女人性格中比较接近的两个侧面，而且都具有依赖性。

有时候，子人格中会出现两种动物：一只白色的猫，非常安静和温顺，最喜欢做的事情就是依偎在主人的怀里接受最轻柔的抚摸；另一个就是一只白色的小狗，活蹦乱跳，最想要做的就是扑到主人的脚上，让主人逗它。

在一些极端的依赖性行为中，患者会表现出更加可怕的动物子人格（这并非他们愿意接受和表现出来的形象，但在靠山看来，患者就是这样一副可怕的形象），比如很多依赖丈夫并且每个月从丈夫这儿拿走一大笔生活费的女人，在丈夫眼里看来，表现出来的就是吸血蝙蝠和蚂蟥的特性。

（3）病人

对于依赖型人格障碍的患者来说，他们经常会幻想自己生病的情况，那个时候他们就会得到更多的关怀。正因为如此，患者身上几乎都有“病人”这样的子人格，他们总会表现出病人需要照顾的那一面。在这个子人格中，必定有一个面色苍白、营养不良、患有咳嗽或其他体弱无力的病人形象，而且这个病人可能很懂事，从不要求得到更多。通过设置这样一个比较柔弱、完美的患病形象，子人格可以名正言顺地赢得更多人的同情。

当病人的子人格占据心灵的主导地位时，患者就会表现出病恹恹的样子，并且坚称自己生病了，而实际上他们可能体壮如牛。原因就在于患者所感知到的疾病只是想象中的一个子人格，而不是真的有病。不过随着疑心病的加重，时间一久，可能真的会增加患者生病的可能性。

（4）魔女

患者还会隐藏另一个重要的子人格，那就是“魔女”，这个子人格身上具备强大的心理能量，很凶也很疯狂。孩子们的依赖通常是无害的、安全的，而一旦成长之后，因为害怕危险、害怕承担压力和责任、不想努力而产生过度依赖，患者可能会死死纠缠他人，而这样往往引发对方的愤怒和反感。这个时候双方之间就像在进行一个纠缠和摆脱的痛苦游戏。

在想象中，她们的衣服大多为黑色，偶尔是白色或者红色；她们的表情是愤怒的、疯狂的，眼睛直勾勾地盯着人看；警惕性高，且非常执着；她们有一个很明显的标志：长长的头发披散开来。长代表着对感情的重视，披散则意味着愤怒和疯狂。

其实和魔女比较接近的一个子人格就是“疯子”，疯子所表现出来的也是疯狂的情绪和行为，总是执着地纠缠不休，为了获得依赖，或者维持自己的依赖行为，他们并不介意做一些让人难以忍受的举动。

（5）乞丐

依赖型人格障碍的患者通常会产生一种“我很不幸”的想法，因此他们会拥有一个“乞丐”的子人格。在想象中，“乞丐”总是衣衫褴褛，灰头土脸，或者出现一些明显的身体残疾。

为什么非要设置乞丐的形象呢？因为乞丐的身上破破烂烂，脸上还很脏，可以更好地迎合施舍者的心理和同情。子人格通过设置一个乞讨形象，可以从他人那儿获得更多的帮助。而“灰头土脸”实际上还代表了一种内心的阴暗面，这是自卑的一种表现。

很多依赖型人格障碍的患者在生活中锦衣玉食，不愁吃穿，但在心态上仍旧处于一种乞讨的状态，他希望从别人那儿乞讨到更多的东西，这样就促使了“乞丐”这一子人格的出现。

对于依赖型人格障碍的患者来说，以上这些子人格的出现都是他们性格中存在的，他们会在想象中描述出各种不同类型的子人格，会扮演不同的角色，而每一个子人格实际上都指向一点，那就是过分依赖别人，为了满足这些依赖，他们会在不同的场合和情绪下表现出不同的性格特征。反过来说，他们会根据不同的环境来做出改变。

改变生活中的那些依赖行为

依赖型人格障碍往往会给患者的身心带来很大的伤害，通常来说，这些患者的人格会出现很大的问题。因此相比于其他很多人格障碍来说，依赖型人格障碍的缺点可以说是满满的一箩筐，通常情况下，在他们的人格字典里，一定会写着这样几大罪状：自私、脆弱、懒惰、缺乏自主性和创造性、不负责任。

这些缺点还可以列得很长很长，而对于这一点，患者往往也有自知之明，不过在依赖他人的过程中，这些缺陷会变得不那么致命，因为他们可以完全从他人身上寻找到安全感。不过患者或许意识不到，依赖别人是很容易上瘾的，而这种瘾一般情况下就和毒品一样，很难戒掉。而且这些特征会随着依赖性的不断加强而加重，最终完全摧毁患者的人格。也就是说，患者通常渴望从他人身上获取自己所缺乏的能力，最后却连自己仅有的那些东西也失去了。

这种人格障碍或许不像毒品或者癌症一样致命，但同样会给患者的生活带来灾难，所以应该引起患者的关注，并且尽量想办法接受最佳的治疗。

通常情况下，依赖型人格障碍是没有什么药物可以治疗的，单纯的药物是斩断不了依赖者对被依赖者那种强烈的感情的；此外，这种治疗也不像心灵鸡汤那么简单，“这个世界没有谁会是救世主，没有谁可以真正依靠别人一辈子，将自己的一切寄托在别人身上，最后只会让自己一无所有”，这样的劝说对患者来说几乎毫无用处。

所以在心理学家看来，治疗的关键在于患者必须努力改正那些依赖性的行为，并慢慢找回原来的自己。而一般的治疗方法，主要有以下几种，患者可以针对自己的症状，选择最佳的治疗模式，或者可以搭配起来治疗。

习惯纠正法

依赖型人格障碍的患者通常都会形成一个习惯，只要遇到问题，就会条件反射地看看身边有什么人值得依靠。而正是这种习惯会拖垮个人的意志，因此想要进行治疗，那么首先要破除这些不良的求助习惯。

改变习惯的前提是认识这些习惯，所以患者有必要做好日记，将自己每天的“劣迹”全都记录下来，弄清楚哪些事情是自己决定去做的，哪些事情是依赖别人去做的。一个星期之后，患者可以查看记录，弄清楚自己的不良习惯主要集中在哪些事情上面，并将这些事件按自主意识强、中等、较差分为三等。此后的每一个星期，这样的小结都必不可少，并且针对性地做出自我纠正。

比如公司里的其他人喜欢将那些穿高跟鞋的人嘲笑为踩着高跷，但患者仍旧穿着高跟鞋去上班，这件事证明了患者没有被外来的声音压倒，表现出了极强的自主意识。因此患者此后每天都应该坚持穿高跟鞋上班，为的就是挑战对方的观点，从而强化自己对自我观点的坚持。

有些患者在工作中会听从朋友的意见，但是也并不完全赞同，这表明了他们还没有完全失去自主意识，因此患者此后应该做的就是主动找出朋友观点中的漏洞，然后大胆提出不同的看法。如果患者在以后的工作中能够坚持“找碴”，并不断增加自己的意见，到最后会发现自己不再需要依赖朋友的观点，他们完全可以自作主张。

对于那些自主意识比较差的患者来说，最好不要完全淹没在他人的指示、命令和诱导中，而可以尝试着在按照对方要求的前提下增加一些自主创造的色彩。就像演戏一样，导演规定了演员必须说出剧本上的15句话，但是演员实际上完全可以在这15句台词的基础上适当增加一些，或者创造一些新的情境。简单来说，患者在服从和依赖的同时需要增加一点创造性，比如妻子会暗示丈夫每天买一束花送给她，丈夫可以照办，并且想办法在往后额外地赠送一些小礼物，这样就会帮助丈夫从妻子的指示中脱离出来，形成较强的自主意识。

无论哪一种方法，在实施过程中都会遭到阻碍，因为患者不会轻易改变自己的习惯，所以为免患者走回老路，必须在患者身边安插一个被他们依赖的监督者。

重建自信法

对于依赖型人格障碍的患者而言，破除了行为习惯，这是一种表面的纠正，只要稍不留神，这些习惯在某一天又会像幽灵一样跑出来作祟。对心理学家而言，治疗必须彻底，必须深入，必须斩草除根，而患者的“草根”就在于童年时期遭遇的经历。

很多孩子从小不被父母重视，还经常被父母打骂和否定，在家里没有什么地位可言，也没有什么所谓的关爱；此外，一些从小失去父母的孤儿，受尽了各种冷落，被其他人排斥。对于这些孩子来说，他们遇到的最大问题有两个：一个是自卑和自我否定，另一个是对来自他人的爱和认可的期待。正因为如此，他们很容易依赖其他人。

为此，心理医生在治疗的时候，必须及时清除幼年的不良影响。这个时候，他们必须诱导患者回忆幼年的经历，说出父母、长辈们曾经对患者做出的指责，诸如“你真笨，一点小事也做不好”“你真是傻乎乎的，还是让我来帮你吧”之类的话。接着心理医生会劝说那些曾经提出指责的长辈和朋友，让他们在患者做某些事情的时候给予更多的赞美，这样就会帮助患者一点点重建自信。

接下来，心理医生可以引导患者做一些具有挑战性的事情，比如每周都要独自外出做短途旅行，独自参加一些社交活动，独自完成某项难度比较大的工作。通过练习，患者会不断提升自己的勇气，从而慢慢改变事事依赖别人的缺点。

对于患者来说，想要完全改变自己的依赖习惯往往很困难，所以想要在短时间内取得很好的治疗效果或者说彻底治愈，这基本上是不可能完成的事情。无论是患者还是其他参与治疗的人，都必须保持耐性，必须一点点打磨掉患者身上的不良习惯以及依赖性意识，并试图让他们自己动手去面对和解决问题，只有这样，患者的自信心才能够得到很大的提升。

第十八篇：

另外一个世界的体验——梦

为了让人满足平时根本无法满足的愿望，梦就会大发慈悲，开放一个特殊通道让人享受到占有的快感和达成愿望的野心，并且让人保持一个更加安稳的睡眠状态。

梦究竟是怎样产生的?

多数人都会做梦，可以说做梦是我们日常生活中不可分割的一部分，作为一种主体经验，梦是人在睡眠时产生想象的影像、声音、思考或感觉，通常是非自愿的。梦属于灵魂医学范畴，是由内外信使的刺激，引起大脑的一小部分神经细胞活动，表现为高层次灵魂的最低水平的意识状态。

那么为什么我们会做梦，而梦境究竟是怎样产生的？学术界对此争论不休，也提出了很多不同的看法，提出了各种各样的理论和解释，主要包括以下几种：

右脑失去左脑的控制：在白天，左脑掌管理性，右脑则善于想象和富有创造性，两者配合默契。但是在睡觉的时候，尤其是浅眠，左脑提前下班，而右脑依旧继续工作，由于没有了左脑理性的控制，右脑的天才想象力开始变得无拘无束，于是就会诞生许多稀奇古怪的事物，梦里所遇到的景象看上去也完全不符合正常的逻辑。

信息运动原理：大脑存储的各种信息就像是地上的很多小纸条，如果这些小纸条与一些较大的作用力同时存在的话，就必然会产生运动；当人们睡觉时，大脑内的各种情绪和其他能量并没有消失（主要是侦测外界的危险），就自然会带动大脑内的信息；而大脑中的很多信息都是互相联系着的，就像是一个锁链，你提起了一端，另一端也会被提起，所以就引发了各种情景的梦境。

气血问题：中医认为气血不足或者气血过量会诱发做梦现象。

环境刺激：比如被褥太热，可能梦见着火；外在的某些铃声会使得我们梦见音乐剧。

身体因素：生病的人容易做噩梦；情绪高亢的人容易做好梦。

这些形形色色的说法往往让人头脑发涨，而无论是哪一种说法，都不够系统，也无法完全解释梦的由来。其实想要弄清楚梦境的来源也并不难，既然想要把梦弄清楚，不妨先看看我们都做了什么梦，看看梦里面的内容都是什么，然后从梦境的内容中寻找答案。

比如：孩子们总是会梦到自己吃到了各种美食，他们会一整个晚上都在梦里抱着那些美味的鸡腿啃来啃去，并且永远都吃不完；有的人总是经常性地做一些英雄的梦，这些人会梦见自己具备飞天遁地的本领，或者具有某些超能力，可以轻易就保护自己；还有一些人动不动就会在梦里见到自己成为某个总裁的儿子，成为人人羡慕的富二代，一出手就必定是挥金如土。

这些形形色色的梦看起来有些荒诞和不真实，但是往往事出有因。对于孩子来说，他们梦见了美食，很可能就是因为白天他花了几个小时眼巴巴地望着商店橱窗里的美食滴口水，但是母亲却没有掏出哪怕一分钱来买下它们；而那些在梦里变成超级英雄的人，希望自己无所不能，但是据身边的人反映，他们的体格弱小、性格懦弱，他们在生活中经常会遭到其他人的欺负；至于那些在梦里经常扮演高富帅的人，在现实中往往只是一个屌丝加单身狗，没房没车，恋爱受挫。

通过这些例子，实际上揭示了一个最基本的问题：人们之所以会做梦，往往是因为平时得不到满足，因此只能在梦里过一过干瘾，从这一个方面来说，梦就是一个完美的欲望满足的机器。

比如远在南极参加科考项目的科学家们，据说总是梦见自己在几十米长的餐桌上大吃大喝，他们还经常梦见邮递员气喘吁吁地将信件交到自己手中。这些梦其实并不难理解和分析，因为在南极，除了那些冰块之外，的确没什么可吃的，他们带去的干粮可算不上什么真正的美味大餐；而邮件的梦则表明了他们内心的孤独，而且渴望与外界发生交流，要不然总不能老是对着企鹅说话。

正因为日思夜想，大家才会做梦，才会将现实生活中得不到满足的东西通过梦境呈现出来，而对于那些已经得到了的东西，往往不会在梦中重复播放一遍。就像那些富豪很少会梦见自己中了500万的彩票一样，只有生活条件一般的人才会在梦里一边淌着口水，一边发了疯似的捡地上那些永远捡不完的金子。这是梦的一个基本原理，也是梦境出现的重要原因，人不可能无缘无故做梦的，肯定是某些想法触动了自己的神经。

除了满足愿望之外，梦还担负着一个重要的使命，那就是保护睡眠。也许很多人听着觉得不靠谱，做梦做多了不是会影响个人睡眠质量的吗？这种说法有一定的道理，但是在很多时候，梦的出现就是为了保证睡眠的需要，或者说，为了保证睡眠的安稳，大脑会创造一个梦境来安抚我们的心理。

简单来说，一旦我们经常想某件事，就可能会影响自己的情绪，就可能会影响睡眠，而这个时候，大脑会自动抑制那些让人备受困扰的想法和愿望，然后通过梦的形式来呈现一个与现实生活截然不同的场景，以此来保护个人的睡眠不受影响。就像科考队员想要吃大餐一样，这种强烈的情感和记忆一旦无法得到满足，可能会成为一个折磨，从而导致晚上睡觉也在想美食。为了让队员们安然入睡，人体就会开始做梦，然后在梦里设置各种美食来满足队员的缺憾，这个时候睡眠的质量就会得到提升。

从上面的分析中可以得出，梦产生的原因主要就在于对个人欲望的满足，以及满足睡眠的需要。可以说，为了让人满足平时根本无法满足的愿望，梦就会大发慈悲，开放一个特殊通道让人享受到占有的快感和达成愿望的野心，并且让人保持一个更加安稳的睡眠状态。不过这里同样衍生出了一个问题，欲望是如何产生的，这些欲望从什么地方来，又以何种形式出现在我们的梦中？而这就涉及弗洛伊德提出的有关“本我、自我、超我”的概念了。

本我、自我、超我和梦的关系

在提到梦的时候，不得不说到弗洛伊德有关心灵的划分，即人格结构理论。在他看来，人的心灵是由三个部分组成的，它们分别叫本我、自我和超我，这三个“我”共同组成了每一个人的心。那么为什么我们的心会分成三个“我”呢，这三个“我”又分别具有什么样的特点呢?

（1）本我

按照弗洛伊德的理论，本我是人格中最早，也是最原始的部分，是生物性冲动和欲望的储存库，简单来说，它代表着人体内最本能的自然特性，而且坚持快乐至上的原则，怎么让自己开心就怎么来，就像是一个缺乏管教的人一样。这个本我一直都缺乏涵养，也没有什么羞耻心；平时贪吃好色，贪图享受；冲动鲁莽，而且根本不能体谅和容忍别人；只要能够让自己高兴，就根本不管什么道德约束；为所欲为，以自己为中心，几乎想做什么就会做什么。

许多人并不愿意承认自己身上有这样的一个面，但弗洛伊德却揭开了每个人身上的遮羞布，这样告诉大众：我们每个人身上都有这样一个让人感到羞耻的本我。但这个本我却是真实的，它会产生一些邪恶的想法，会违背道德和法律，会放纵自己做一些根本不符合常规的事情。当然有时候，它们也会表现出积极的一面，比如运动和奋斗。

弗洛伊德认为幼儿的精神人格完全属于本我，因为幼儿没有羞恶观念，而且缺乏足够的管教和引导，因此所表现出来的一切言行都受到本能和欲望的支配，而不受条件和社会道德的约束，他们总是要求自己的愿望得到满足，并且努力寻求快感。在这里弗洛伊德用了一个不那么文雅的词语：兽性。

本我是内心一个比较低的层次，也是最任性的一个层次，如果一个人的内心只有本我，那么所有的人都会变成只吃饭不干活的懒鬼，只会成为贪恋美色而不知道爱情的浑球，只会成为破坏法规和道德而不知遵守规则的坏蛋。当人人都表现出本我的时候，整个世界就会出现一个欲望横行的混乱局面。

（2）自我

如果说本我是胡作非为、不知自我约束的浑球，那么自我就是那个懂得自我约束的一部分心灵。它懂得进行自我约束，懂得如何更加聪明地对待自己的欲望。就像看到别人碗里有一大块美味的蛋糕一样，本我可能顾不了那么多，直接伸手去抓、去抢，甚至并不觉得这样的行为有什么不妥。但是自我就不会这么干，它明确地意识到自己的行为不妥，“别人的东西不能抢”这样的观念已经深入人心，一旦去抢可能会引发冲突，或者被人暴打一顿，因此如果它真的想要吃，就会提醒自己应该礼貌地提出要求：“我可以一起享用蛋糕吗？”

自我介于本我与外部世界之间，是人格的心理面。自我会明显意识到自己所具备的各种能力和技巧，同时会对自身的行为加以约束，它遵循的是各种现实的原则。需要注意的是，自我同样也是具有欲望的，但是它会考虑这个欲望能否实现，也会考虑用最稳妥、最合理的方法满足这些欲望。自我有时候也想一夜暴富，但绝对不会轻易想着去抢银行或者偷别人的钱，因为它考虑到这样做后果堪忧——也许会被枪毙。弗洛伊德认为，在整个社会活动中，很多人多数时候都是规规矩矩地扮演好自己的角色，而不是做一些无法无天的事情。

（3）超我

超我是人格的社会面，是道德化的自我，超我拥有良心和自我理想，它总是监督着自我和限制着本我，防止它们做出一些不规矩的行为。超我就像一个称职的警察一样，一天到晚盯着喜欢闹事且胡作非为的本我。对于本我来说，可能总是想着娶一个美丽的媳妇，总是想着找一个机会发点财，而这种欲望可能会以抢的形式出现。这个时候，正直的超我就会跳出来约束这种行为，防止本我做出一些伤天害理的事情。

通常情况下，超我会对本我的想法和欲望进行审核，坚决抵制那些龌龊的、腐败的想法，坚决排除那些不合乎道德法规的坏主意。本我受到了很大的限制和压抑，为了减少超我的打击，它会故意表现得更加模糊一些，会选择拐弯抹角，自动地隐藏自己那些邪恶的真实意图，然后表现出比较正常和守规矩的一面，然后顺利骗过超我的检查。等到本我突破超我设置好的防线之后，就顺利进入了人体的意识层面，就这样，梦开始形成了。

从某种程度上来说，梦境的出现就和本我与超我的关系有关。就是本我迫切想要满足自己的欲望，但是由于行为莽撞，动机不纯，很容易被超我给拦截下来。在受到压抑之后，它开始改变策略，隐藏自己的企图，尽量让自己的行为看起来正常一些，以便让超我放松警惕，最终本我顺利进入意识，并且在梦中表现出来。

正因为如此，当一个人做梦时，常常会表现出本我的那一面，就像那些具有超能力的人一样，在现实生活中显得非常懦弱的他们，可能会在梦境里狠狠教训那些欺负自己的人，或者所谓的坏人，这种欲望未必会被超我给禁止。但实际上，谁都明白，这种近乎报复或者惩恶扬善的方式在法律和道德面前同样说不过去，可以说本我还是显示出了邪恶的那一面。在很多时候，梦所表现出来的并非完完全全的本我，而是一种经过改造和装扮后的本我，这样才能骗过超我敏锐的眼睛。

而本我和超我的这种关系，以及本我在表达内在欲望的时候，所采取的种种策略，这些都为解释梦里发生的各种怪事提供了很好的依据，也提供了一个很好的解释方法。

弗洛伊德《梦的解析》

弗洛伊德将梦和欲望的潜意识活动与决定论联系在了一起，指出梦是欲望的满足，绝不是偶然形成的联想，即通常说的“日有所思，夜有所梦”。他解释说，梦是潜意识的欲望，而且是一个伪装高手和卧底，平时深藏不露，只有等到睡眠时，人体的检查作用松懈，它才会趁机用伪装方式绕过抵抗，闯入意识而变成梦。简单来说，就是白天受压抑的欲望，通过梦的运作方式瞒骗过检查以满足欲望。

梦的内容不是被压抑的欲望的本来面目，必须加以分析或解释。释梦就是要找到梦的真正根源。那么该如何对梦进行分析呢？在此可以先参考催眠师的催眠过程和手法。

催眠师经常对某些人进行催眠治疗，当他们产生某种幻觉经验后，催眠师会立刻叫醒他们。在这个催眠过程中，被催眠的人往往不记得自己身上发生了什么，所以当催眠师要求他们说出在催眠状态下所经历过的一切时，多数人的脑袋都摇得像拨浪鼓一样。

所以这个时候有人会说，催眠过程中经历的一切是不会被意识到的，但是在催眠师再三要求之下，被催眠的人往往会一点点回忆起自己被催眠师所暗示的那些事情，就像毛巾里的水一样，它们会一点点被挤出来，最后形成一个完整的记忆。

由此可以得出一个结论，那就是被催眠的人其实早就知道自己经历的事情，但他们却误以为自己不知道。而催眠被称为“第二个梦”或者“人工梦境”，它的机理与真实的做梦非常相似，因此对催眠进行解析，实际上可以衍生出梦的解析。换句话来说，每个人实际上都能够意识到自己做了梦，而且记得梦里的内容。梦的解析就是用精神分析方法，尽可能地让那些被分析者很自然地自己得出问题的答案。

那么做梦者究竟依靠什么来了解自己的梦境呢？催眠师提供了答案——自由联想，被催眠的人在提示下可以一点点回忆起自己被催眠的经历，原因就在于他们选择了进行联想，通过联想可以逐步深入地了解自己梦境中的内容和意义。

很多人也许会觉得自由联想意味着天马行空、胡猜乱想，难道这也能挖掘出自己的梦？很显然他们忽略了一个问题，我们的大脑是一个比较严格的规范者，也是一个出色的守门人，它可不会让那些与解析无关的想象胡乱闯进个人的意识中。而且个人的心理态度也会严格把好联想的关卡，以确保不会跑偏。这也是为什么孩子们通过梦境会联想到自己要吃美食，而不是想要爬上一棵树或者放一场大火。

而自由联想所产生的梦境，其背后实际上包含了两个非常重要的概念，那就是梦的显意和梦的隐意。一个完整的梦应该包括显意和隐意，显意就是梦中所呈现出来的景象，一只烤鸭，一艘船，一段精彩的逃跑故事；而梦的隐意是隐藏在显意背后的内容，也就是说通过做梦者的联想能够得到的东西。

如果用弗洛伊德的观点来说，显意和隐意之间的关系，对照的就是意识与潜意识之间的关系。形象一点说，梦的隐意更像是一部长篇小说，而梦的显意则是根据这部小说节选改编而成的电影。电影能把文字的东西转化成视觉形象，但是它却无法完全表现出小说所要表达的思想情感，梦的显意同样无法完全表现出梦的隐意。

比如有个人总是梦见一个长了脚的扫把跟着自己，这样怪诞的梦几乎很难进行解释，但是做梦的人给出了一些提示，原来他经常看见邻居的孩子被家里人用扫把轻轻地打，但是父母紧接着又会问孩子是不是打疼了。做梦者联想起自己过世的父亲也曾这样对待自己，并且希望重新回到那样的童年时代，因此可以说这个扫把代表了父子之情，代表了一种思念，这也就不难理解会有一个长了脚的扫把跟着他了。

在这个梦境中，梦的显意就是那个扫把，而梦的隐意则是隐藏在记忆中的父子之情与浓浓的思念之情。

在这里，很多人会产生疑问，为什么梦的隐意会通过梦的显意表现出来，又是怎样加工成梦的显意的？换句话说，为什么父子之情会加工成一个长了脚的扫把，并且通过梦境表现出来？其中的加工原理和方式是什么？

这里有三个主要的方式：凝缩、移植和象征。

（1）凝缩

凝缩指的就是将生活化的体验进行压缩，然后以碎片化的形式表现出来。比如做梦者和父亲之间有过很多愉快的经历，两个人也在一起生活了很长时间，彼此的感情非常深厚，但是在梦中，很可能仅仅是以扫把或者一个微笑的形式呈现出来。

（2）移植

梦的移植实际上就是说个人潜意识中所想的事情，并不会直接通过梦境表现出来，而是以一种看起来关联性不那么大的事物来呈现。做梦者不会梦到与父亲相见的幸福场景，而是移植到一个扫把上来寄托自己的思念。

（3）象征

象征指的是梦中出现的意向具有象征意义，它代表了某些让做梦者喜欢或者害怕的东西，或者与这些东西相类似。比如很多女人会梦见水，在这里水实际上代表了分娩，因为胎儿就是待在羊水里的；在梦里遇见亲人出了远门，可能意味着现实生活中的亲人已经去世了，因为在现实生活中，人们通常都是以这种方式描述那些逝去了的人。

现在重新出现了一个问题，既然梦的隐意需要我们去了解和挖掘，需要我们去了解梦境背后的含意，那么梦的隐意为什么不直接表现出来呢？为什么还要大费周章通过这三种方式加工成梦的显意？很多人会说梦的隐意比较“奸诈”和“内敛”，但其实用一个词来形容可能会更加贴切：伪装。简单来说，我们所做的梦需要进行伪装。

那么为什么梦也需要伪装呢？原因就在于做梦者往往对于欲望有所顾忌，因此在个人意识中会适当做出克制和抵抗，而不会让梦肆无忌惮地表达出自己真实的想法。这个时候，个人意识会设置一些门槛和关卡，或者说设置一个监督和审查机构，对于梦的内容进行审查。而前面也说了，潜意识想要进入意识，就必须进行假装，必须骗过这些意识中的监察机构，因此进行适当的伪装就显得很有必要了。它必须化化装，必须让自己看起来更加符合某种道德标准。

无论是凝缩、移植还是象征，都在一定程度上实现了伪装。有个女士做了一个梦，在梦里丈夫对她说早上着急花了30元买了两张非常非常差劲的电影票，但实际上电影院的票根本就不紧张，他们看到了成片空着的座位。这个梦听起来平淡无奇，非常生活化，但是在了解这位女士的生活经历后，就可以发现梦境中那些伪装了的成分。

首先，女士看到了成片空着的座位，认为自己和丈夫买票太早了，花了冤枉钱；

其次，他们花了30元买的两张“烂票”，其中这个30元具有特殊的含义，因为当初她嫁给丈夫的时候，婆家给出的彩礼钱正好是3万元。

在这里，用30元提前买了不好的票，实际上揭示了这位女士的真实心理：“我不应该这么早嫁人，而且还嫁给了一个没有钱的男人，如果更晚结婚，可能会获得更多的回报。而且事实证明了我可以找到更好的男人或者丈夫。”因此，按照这个梦境呈现出来的内容，实际上这位女士已经看不起自己的丈夫，而且产生了离婚的冲动。但是在传统的道德束缚下，她不可能提出离婚，也不可能真的去改嫁给一个有钱人，因此必须对自己的欲望进行克制，并加以伪装。

正因为如此，弗洛伊德曾经这样说道：“梦的不愉快性质与梦的伪装息息相关。正因为理性（或意识）对梦的主题、欲望产生了强烈的反感，试图压制它们，欲望的内容不得不进行伪装。梦的伪装，实际上是梦的稽查作用的结果。因此，我们不妨这样定义——梦是一个（受压制或者被压制的）欲望的（伪装的）满足。”在这里，他对梦做出了一个比较明确的解释，也提供了解释的思路。

小心，梦可能会告诉你未来发生的事情

对于多数人来说，这样的标题看起来总是显得有些不负责任，至少不够严谨，而且让人觉得这不像是科学，而像是在显摆玄学，或者类似于算命或者占卜之类的迷信行为。当然，在引发群体性声讨之前，大家可以先压着火气看一看下面的案例。

有个人在最近一段时间一直诸事不顺，差不多类似于老婆和人跑了，工作也一团糟这种倒霉的状态。不过为了调节身心状态，他听从朋友的建议，想要去登山，通过翻越那些陡峭的高山和悬崖来寻找生活的信心，同时也希望借此挑战生活，获得新生。不过有一天，这个男人做了一个奇怪的梦，在梦里他一脚踩空，结果从一座高峰上跌落到一片虚无之中。第二天，他将这个梦告诉给一直负责自己健康的医生，医生观察了他的身体状况，然后结合了梦境的内容，立即警告他不要再去登山了，至少最近几年都不适合这项运动。

医生明确告诉他，这个梦预示着一次严重的登山事故，可是这个人根本没有听进去，他觉得一个梦根本代表不了什么，也说明不了什么，而且这个世界也不可能未卜先知。但是——这个“但是”总是带来厄运——在六个月之后的一次登山行动中，这个男人果然从山上摔了下

去。一位登山向导描述了当时的情况："我看到他和他的一位朋友抓着绳子到了一个险处。他的朋友在崖壁的凸起处找到了一个暂时的立足点，而他则继续向下探寻。突然间，他松开了手中的绳子，仿佛是跳进太空中一样。他的身体落在了朋友身上，他们一同跌进深渊，双双毙命。"

是什么促使这个人真的摔下去的呢？是因为真的踩空了，还是没有抓牢绳子；是因为产生了幻觉，或者是真的有心寻死？别人再也无从知晓。但这个事故却引起了很多心理医生的注意，他们认为人的潜意识或者说梦可能会隐约感觉到内在的危险，而这种危险可能并未被本人所意识到。具体来说，可能这个男人在潜意识中已经接受了自己的死亡，已经对生活失去了信心，那么就可能会在某一刻将这种信息通过梦境表现出来。而一旦本体忽视了这些信号，就可能真的会不可自制地做出傻事。

又或者说，这个男人在潜意识中希望用很多冒险的行动来终结自己的霉运，但这些冒险行为本身就非常危险，对于这些不够专业的登山者来说，出事也许是必然的，不在这一次也可能会在下一次。

从某些方面来说，潜意识的预警机制的确要比意识更加精确，更加明显，在某些事真正发生之前，潜意识有时很早就会做出预示，并且将其转化成梦境表现出来。这未必没有可能，也不一定就是什么奇迹，其实在日常生活中，很多不为我们所知的危险，可能通过潜意识表现出来，就像我们经常所说的"第六感"一样，它的存在也许也和潜意识息息相关。比如在泰坦尼克号出海之前，有人竟然在梦里梦见了轮船出事的画面，因此没有上船而逃过一劫，这些事情并没有得到一个更加科学合理的解释，但是在个人的潜意识中，也许都会为一艘从未出海航行的大船担心，这种危机意识可能会提前被预示出来。

弗洛伊德认为潜意识的容量和力量是巨大的，但我们平时根本感觉不到它的存在，因为它和意识水火不容，两兄弟界限分明，几乎老死不相往来，但是在某些时候，它会趁着意识放松的时候，将内部的信息偷偷传递给意识，而这个传递的工具就是梦。前面说梦的出现是为了满足个人的愿望，给人以精神上的享受，但这种愿望有可能会真的在现实中实现。

曾经和弗洛伊德一起合作的著名心理学家荣格，就讲述了自己经历的一件怪事。有一天夜里，他做了一个奇怪的梦：他在自己的房间里找到了一间秘密的实验室，父亲在里面给那些可怜的鱼做解剖；母亲则稀里糊涂地在里面开了一家旅店，然后接待的旅客也是一些幽灵一样的怪人。不仅如此，他还在房间里发现了一个古老的图书馆，那些书他几乎这辈子也没见过。他非常好奇地打开了其中一本，看到书中有着大量的、奇妙无比的图画。

醒来之后，他一直都在想这个稀奇古怪的梦，而且百思不得其解。几天之后，荣格收到了一本有关中世纪炼金术士的书，因为此前他一直都想要弄清楚中世纪炼金术和心理学之间有什么关系。收到书本后，荣格兴高采烈地打开了书，却几乎被惊呆了，这本书上的图案明明就和自己在梦里所见到的图画一模一样。

作为一个出色的心理学家，他也不用依靠什么心理医生来解释这个怪现象了，干脆自己研究起来，这时候发现了其中的一些联系：梦里的房子代表了自己的意识以及感兴趣的研究领域；而房间里的实验室、旅馆、书本则代表着这些研究项目中的新领域。而真正的问题在于，在潜意识中，就已经预料到了这一切即将发生，可是荣格本人对此却毫无知觉。

荣格的梦在于提醒自己需要研究什么，需要朝着哪些方向去做研究，并且提供了一些相对明确的预示，而对于其他很多人来说，情况可能会更加糟糕一些，梦里提供的是一些危险的事物。心理学家也认为，梦在满足愿望和补偿不足时，同时也会提前警告一些人，因为他们身上存在着有缺陷的人格，这些不为人知的缺陷可能会在某一时刻爆发出来，所以放任不管绝对会造成威胁。

从梦进行预示的过程来看，其实都是潜意识在作祟，而且无论梦里的提示是好的，还是坏的，实际上都表明了一点，我们所做的梦并非仅仅是对个人记忆的一种回放，或者对个体记忆的一种精神满足，有时候还表现为对个人欲望得到满足的精准提示，以及对潜在危险的提前预警。所以对于梦境预示未来的说法，看来还真值得研究。